"十三五"江苏省高等学校重点教材

（编号：2019-2-115）

U0367628

中国海盐文化教程

ZHONGGUO HAIYAN WENHUA JIAOCHENG

陆玉芹　吴春香　主　编

南京大学出版社

图书在版编目(CIP)数据

中国海盐文化教程 / 陆玉芹,吴春香主编. — 南京:
南京大学出版社,2020.9
ISBN 978-7-305-23775-1

Ⅰ.①中… Ⅱ.①陆… ②吴… Ⅲ.①海盐－文化－
中国－教材 Ⅳ.①TS34

中国版本图书馆 CIP 数据核字(2020)第 168011 号

出版发行 南京大学出版社
社 址 南京市汉口路 22 号 邮 编 210093
出 版 人 金鑫荣

书 名 中国海盐文化教程
主 编 陆玉芹 吴春香
责任编辑 蔡文彬 编辑热线 025-83597482

照 排 南京开卷文化传媒有限公司
印 刷 广东虎彩云印刷有限公司
开 本 787×960 1/16 印张 12.25 字数 220 千
版 次 2020 年 9 月第 1 版 2020 年 9 月第 1 次印刷
ISBN 978-7-305-23775-1
定 价 45.00 元

网 址:http://www.njupco.com
官方微博:http://weibo.com/njupco
官方微信号:njuyuexue
销售咨询热线:(025)83594756

目　录

绪 论

张岱年在《中国文化概论》中认为,文化包括四种结构形态,即物质文化、制度文化、行为文化、精神文化。物质文化(或物态文化)指的是面对自然的困境与限制时,为克服自然这个敌人所创造的第一类文化,直接反映人与自然的关系,反映人类对自然界认识、把握、利用、改造的深入程度,反映社会生产力的发展水平;制度文化指的是人为了与他人和谐相处,以维持社群的生活而创造了第二类文化,由人类在社会实践中建立的各种社会规范、社会组织所构成;行为文化指的是人们在长期的社会实践、人际交往中,往往会形成具有鲜明的民族、地域特色的行为模式,这些行为模式又多以民风民俗的形态出现,它们是人类所创造的第三类文化;精神文化指的是为了克服人类自身在感情或心理及认知上的种种困难与挫折、忧虑与不安,而创造的第四类文化,它包括了文学、艺术(音乐、戏剧、绘画)、宗教信仰,尤其是从中折射出来的审美情趣、思维方式、价值观念、民族性格等。① 海盐文化形态丰富,本教材采用广义的文化概念,即从物质文化、制度文化、行为文化、精神文化方面来阐述海盐文化。

一、海盐文化的内涵

"海盐文化"是具有区域性、行业性特征的亚文化,是传统行业文化与特定地域历史文化相融合形成的特色文化。广义上的"海盐文化"是指沿海地区的人们在"煮海为盐"这一社会历史实践过程中共同创造的物质财富和精神财富的总和。这其中,既有劳动人民在生产过程中积累的实践经验,也有文人们创造的文学、艺术,还有作为管理者的统治阶级在领导、组织、协调以及生产、运销活动的各种相关过程(如运输、销售、自身管理)中形成的制度、法规。

中国海盐业历史悠久,在同类行业中占主导地位,中国海盐业与中华文明同起步、共发展。古籍《世本》记载:"夙沙氏煮海为盐。"《吕氏春秋·用民》

---

① 张岱年、方克立:《中国文化概论》,北京师范大学出版社 2011 年版,第 4-6 页。

载："夙沙之民，自攻其君而归神农。"据此，夙沙氏当为神农（即炎帝）时部落，中国最早发现"煮海为盐"的历史可以追溯到炎帝时期，距今 5 000 年左右，与中华文明的起步时间相同。

中国海盐业不仅历史最长，而且产量最高，在各种盐业中始终处于主导地位。其原因，一是中国拥有 1.8 万千米海岸线，海水资源极为丰富，几千年历史过程中形成两淮、两浙、福建、两广、山东、长芦、辽宁七大海盐产区，大都年份产量为产盐总量的 80％ 以上。二是海盐生产工艺便捷成熟，从业者众。海水是取之不竭、用之不尽的资源，可以通过海潮的起落，引灌或直接提取，茂盛的柴草和充足的阳光、风力又为海盐生产提供了无尽能源，广阔的滩涂成为众人合力生产的场地，所以海盐业可容纳成千上万劳动力，影响广大。三是对海盐业的管理决定了对整个盐业的管理。历代实施的盐政管理中，由于海盐业的产量大和广泛分布，不论是生产还是运销方法等，在盐业管理的各项决策中都有着决定性的影响。

中国海盐行业文化特色鲜明、内容丰富。海盐业在悠久历史过程中，随着人类对自然界认识利用能力的提高，创造出自成体系的科技发展史，同时推动了盐政管理的变革与发展，形成了海盐文化鲜明的行业特色。由于海盐业的主导地位及其与社会生活的密切联系，在其发展的历史过程中曾引发了中国历史上许多重大事件，也是历代文人墨客、民间艺人在文学、艺术作品中的重要叙述对象。

中国海盐业创造出自成体系的科技演变史。海盐生产方式主要经历了从最初的直接煮海水为盐，到汉代以后的炼卤煎盐，再到宋代开始出现、明代逐步普及的"晒海为盐"的演变历程。其间不同地域发明的不同的炼卤方式，煎盐的不同工具和形式，晒盐中的池晒、板晒、滩晒……也都是重要组成部分。与此同时，许多相关行业也为其创造出许多独特的技艺，如纳潮引卤动力工具、铸铁工艺、盐廪的堆放、包装专用蒲包以及运输用的车、船、跳等。这些技艺大都载入了中国科技史册，元代陈椿的《熬波图》、明代宋应星的《天工开物》、沿海各地区历代的《盐法志》、《中国科技史》等对此都有着系统的介绍。它们直接体现出广大盐民的聪明才智和创造精神，也从侧面反映出盐民生产中的艰辛程度和团结精神。

中国海盐业推动了盐政管理的发展、变革。在中国两千多年封建历史中，盐的赋税一般是仅次于田赋的第二大财政收入，唐代宝应年间，盐税收入甚至占到朝廷收入的一半以上。南宋时，盐税更是创纪录地达到朝廷收入的百分之八十以上。海盐的巨大利益，是历代统治者、地方割据势力、商人、盐民之间斗争的焦点。为了保证朝廷的收入,统治者对盐政的管理不断变革,形成了中国历史上独特体系的盐政管理历史。中国盐业管理始于春秋时期的齐国,管仲提出"官山海",实行盐业专管而富国强兵,称霸一时。此后,历代统治者纷纷效仿。汉武帝在全国各重要盐产地专设盐铁官,控制盐利,为实现其强大的中央集权、征服匈奴民族的宏图大业奠定了经济基础。虽然隋初曾一度放弃盐的专管,唐代则迅速加强对盐的专管,特别是刘晏任淮南节度使时,实行"就场专卖制",使盐利大增,江淮盐业税利由原来的"四十万缗到大历末六百余万缗",并逐渐造就扬州的繁华。宋代实施"折中法""盐钞法""引法",盐利成为朝廷的主要收入来源。元、明、清各代海盐的管理方法不断更迭,成就出一部具有丰富内容的海盐管理独特历史。

中国海盐业的发展引发了许多重大历史事件:海盐的巨大利益引发了汉吴王濞煮盐聚利,以与朝廷相抗;汉代的盐铁之争,使《盐铁论》永载史册;元末盐民张士诚起义,据苏州称王;扬州徽商,以盐利竞豪富等。这些在中国历史上产生重大影响的事件,都源于海盐。

中国海盐业也是历代文人墨客、民间艺人文艺创作中的重要内容,出现了丰富多彩的文艺作品。纵观中国历代文艺作品,无论是诗词歌赋,还是散文小说,海盐业在其中有着重要表现。诗仙李白有"吴盐如花皎白雪"的诗句传世;宋代著名词人柳永在浙江任盐官时写下了《煮盐歌》,对盐民的生产生活情况作了详细的描述;周邦彦《少年游》有"并刀如水,吴盐胜雪,纤指破新橙"的著名诗句。盐民张士诚起义为施耐庵写成《水浒传》提供了众多的第一手形象资料。海盐产地民间艺人创作的大量民歌、民谣、谚语,更是海盐文艺的主体。海盐作为食盐上品,在中国饮食文化中亦有着重要位置。

中国海盐业与特定地域联系紧密,孕育出独特的地方历史文化。海盐业由于具有特殊的地位,成为某些特定地域的长期主导产业,使这些地域社会经济、政治、文化以及日常生活都与海盐的生产、运销密不可分,形成以海盐文化为基本特征的地方历史文化。在中国东部沿海就有许多这样的地区,它们中有的起始于新石器时代,有的始于春秋战国,有的起于汉代或唐宋时期。几百年甚至数千年的海盐业,浸透了这些地区的历史,它们的先民开发史、城市建设、交通、建筑、民间生活与民情风俗无不深深打上海盐的烙印。这些地区成为海盐文化的集中表现所在,是海盐文化的重要代表。

二、盐城是中国海盐文化的典型代表城市

海盐文化是盐城"地域地方历史文化发展的基础"[①]。在漫长的历史演进中,优越的自然地理环境孕育了盐城特色鲜明的海盐文化形态,其域内政治、市镇、商贾、地名、水利及居民社会生活都深深打上了盐文化的特征。

(1)海盐业贯穿于盐城历史发展全过程。盐城位于苏北沿海中心,在北纬32°24′—34°28′和东经119°27′—120°54′之间,沿海北起灌河入海口,南抵东台南坝港,全长582千米。淮河在其北端入海,气候属于北亚热带向暖温带过渡型气候。这一带是不断淤长的泥沙型海岸,海拔高度一般在0—5米之间。纵横交错的沟浍、平坦的滩涂、广阔的水域和茂盛的芦苇、茅草构成基本地貌,是进行海盐生产得天独厚的地区。考古发现,距今5000多年前,有先民来此开发,他们以捕鱼、狩猎为生,因海浸又迁徙他乡。周代,海岸线逐步稳定,便有先民来此搭灶煮盐。初为淮夷地,春秋战国时期先后属吴、越、楚。《史记·货殖列传》称"东楚有海盐之饶"。汉高帝六年(公元前201年),便因盐而置"盐渎县",东晋义熙七年(公元411年)称名"盐城"。唐代在盐城专设"盐监"。《新唐书·食货志》载"天下之利,盐利居半",其产地"吴、越、扬、楚,盐廪至数千,积盐二万余石,有涟水、湖州、越州、杭州四场,嘉兴、盐城、新亭、临平、兰亭、永嘉、大昌、侯官、富都十监。岁得余钱百万余缗,以当百余之州赋"。其中"盐城有盐亭百二十三所"。宋时盐城境内有盐场9个,朝廷在境内西溪专设盐仓,宋代名相晏殊、吕夷简、范仲淹先后任盐官于此。《宋史·食货志》载:"以蜀、广、浙数路言之,皆不及淮盐额之半。"明代盐城境内盐场发展到13个。明清随着海岸东移,当地盐产日广,到清乾隆时期,淮盐的行销进入了黄金时代,当初的盐场、盐仓逐渐发展为当地的城市、集镇,也是成就扬州繁华的主要支撑。虽然清末民初海岸线东扩,海水渐淡,产量不稳,南通张謇为发展新兴产业在这里发动了"废灶兴垦",开发土地种植棉花,当地海盐产业主导地位逐渐让位于农业,但是海盐产业仍是当地重要产业。抗日战争、解放战争时期为革命根据地建设和支持夺取全国政权作出了重要贡献。盐城至今仍是江苏最重要的海盐产地。

(2)海盐文化是盐城地方历史文化的基本特色。几千年来进行海盐的生产、运销一直是盐城人民生活的主体,这方土地浸透了盐卤,各种历史文化遗

---

① 夏春晖:《海盐文化论》,《盐城工学院学报》2006年第1期。

存无不打上海盐文化的烙印,它们是印在盐城大地上的海盐生产、运销图。面对盐城地图,贯穿盐城南北的 204 国道和串场河,正是修筑于唐宋时期的捍海堰——范公堤和运盐主航道,其间镶串着的当地主要城市、集镇无一不是唐宋时期重要海盐产地或仓储重地。它们起初的规划布局、居民集聚和地名称谓都直接体现出海盐生产运销和管理的需要。1994 年江苏省人民政府公布盐城境内大丰草堰为"古盐运集散地保护区",便是其中的代表。西汉时期,吴王刘濞开海煮盐,在黄海沿线开辟多处盐场,为运盐又开河治水,从广陵(今扬州)向东 50 余千米至海陵(今泰州)开通邗沟支道,建海陵仓储盐,再由海陵向东北到东台、向东南至如皋开通运盐河,形成了三级淮盐行销线路。黄海边各盐场的盐先经运盐河运至海陵仓,再由海陵仓经邗沟支道运至广陵集散地,最后从广陵经邗沟主道及长江水路运至行销地。淮盐行销的三级线路,促进了盐的产、运、销环节相互协调,对后世盐业发展产生了深远影响,并使江淮一带开始走向繁荣。直至近代,淮盐行销三级线路基本框架都未发生大的变化。

　　(3) 盐城重要历史文化遗迹,是海盐文化的集中显现。据专业调查,盐城地区地面古代历史文化遗存有 200 多处,其中大多数从不同角度反映出海盐业在盐城发展的经济、政治、文化状况。全市已发现的古墓葬,有 60 多处(群),其中宋元以前的古墓葬主要集中于古代沿海一线,尤其是汉代墓葬有 30 多处(群),北起阜宁羊寨,南到大丰刘庄。这一带仅有个别新石器时代晚期和周代遗址,到了汉代即出现众多汉墓,直观地反映出战国以后盐城地区的海盐之利很快使这一偏隅之地迅速发展起来的历史状况。仅盐城周围就有 5 处较大规模的汉墓群,其中三羊墩的 1 号汉墓不但陪葬物较丰,而且墓中出土一金边漆盘底部标有"上林""大官"字样,应为汉代宫廷御用,墓主可能是一盐官,显示其与朝廷皇室有着亲密交往的特殊关系。汉代以后的古墓葬也都直接或间接地反映了因盐业生产兴盛发展的历史,特别是位于建湖庆丰的元代新兴场典史崔彬墓,从其墓志可以看出,崔彬年轻时即进入新兴场担任官吏,在新兴、伍佑、刘庄三场任职三十多年。墓葬为石、砖、木三层套椁墓室,随葬品丰厚、精美,体现了当时场署管理人员富有的生活状况,为研究当地盐场的历史状况留下了宝贵的实物佐证。

　　(4) 盐城拥有体现海盐特色的古建筑 20 多处,集中于昔日重要海盐产销中心。最早的有东台西溪处的海春轩塔,建于北宋。时西溪为当地海盐仓储中心,此塔重要功能之一就是作为海盐运输的指航标志。在西溪、丁溪、草堰、庙湾等处许多建于宋、明、清时期的桥闸,主要为了抵御海潮,排泄积水以利海盐生产的需要，另一方面这些不同时期桥闸的建筑风格，也反映出受到不同地区文化的影响。在富安、安丰、东台、草堰、白驹等历史上的重要盐场有着10多处明清古代民居，其建筑风格以江南和徽式建筑为多，是明清时期江南、安徽等地盐商，为顺应盐政改革而来到海盐生产经销前沿而建造的民宅、商店、钱庄等。它们都是反映海盐之利带动当地经济繁荣及促进文化交流的实物见证。昔日沿海滩涂上曾有近百处避潮墩，现仅存10多处，是盐民为躲避海潮救生的特殊建造物，显示了海盐生产的艰辛、危险和盐民们团结、冒险的抗争精神。

（5）盐城拥有一系列反映海盐生产变革历史的工具。盐城出土了许多历代海盐生产工具，其中有唐宋时期的整块盘铁、宋元时期的切块盘铁、明清时期的切块盘铁和清末民初的锅鐅及其配套的工具。当地文博工作者陆续征集了板晒、池晒、滩晒用的板框、竹管、石碾、翻耙、翻板、风车等，这些文物可以比较全面地反映出海盐生产技术的变化过程，为全国仅有。

（6）盐城历代民情风俗、文艺作品反映了海盐文化对当地人民生产生活广泛而深刻的影响。多次民间文艺调查和非物质文化调查的成果中，涉及海盐生产、运销、盐民生活内容的占到相当多的部分，如民歌中的舁水号子、起盐号子等悲凉、激越；民谣中的"灶户叹五更""盐丁叹"，是盐民生产、生活的生动写照；民谣中"三月三，脱鞋忙河滩""晒盐没的鬼，全靠人盘水"显示了盐民对生产规律的掌握。历代文人骚客目睹海盐生产、盐民生活也是感慨颇多，留下了大量的传世篇章，特别是出生于盐城境内安丰场的明末清初盐民诗人吴嘉纪以写盐民生活而称著诗坛，写下的"白头灶户"成为盐民生活的千古绝句。同是出身于安丰场盐民家庭的王艮，是中国哲学史上独树一帜的哲学家，其"百姓日用即道"的哲学思想，包含着源自长期盐民生活的思考。同时，当地还留下了很多与海盐生产相关的民情风俗，至今还保留着"祭龙王""敬灶神"等盐民风俗。

作为两淮盐产的核心地带，历史上盐城盐场最多，产量最高，是完整见证中国海盐生产历程的唯一城市。对此，南京大学著名历史学家卞孝萱先生曾就江苏海盐文化的起源给出"盐一扬二"的论断，指出没有盐城的海盐生产就不可能产生扬州的十里繁华。今天的盐城是全国唯一以盐命名的地级市，市内拥有全国唯一的国家级海盐博物馆——中国海盐博物馆，市域内拥有的古盐运集散地、古闸、古寺、古盐运码头等历史遗存近千处，特别是300多个沿用至今的海盐文化地名独步全国。盐城市委、市政府近年来高度重视盐文化的保存与挖掘工作，将海盐文化上升为城市战略品牌，正式提出打造"海盐文化之都"战略计划,并设立"5.18 海盐文化节"。

因此,本书在编写中,为方便教学,具体的案例以两淮海盐产区为主,两淮盐场中又以盐城的盐场为主,以一斑而窥全豹,阐述中国海盐文化发展历程和特定内涵。

三、学习中国海盐文化的目的、意义和方法

以高度责任感保护好千年历史的文化遗存,让中华民族优秀历史文化得以传承和弘扬,这已成为现代大学生的自觉担当。海盐文化历史上的物理特征和社会功能大多已经减弱甚至消失,但从盐场和城镇等遗存、遗物及相伴而生的生态环境,从中仍然可以感受到历史上的海盐文化风貌。《中国海盐文化教程》的编写正是基于这样的初衷,采用图文并茂的方式,以独特的视角从海盐文化的源流、制盐工具、制盐工艺、海盐政制、海盐典籍、海盐文学、盐商文化、风土人情等方面进行多方位的记述,向读者展现中国海盐文化的发展历程和丰富的内涵。

马克思说过:"人们创造自己的历史,但是他们不是随心所欲地创造,并不是在他们自己选定的条件下创造,而是在自己直接碰到的既定的、从过去继承下来的条件下创造。"中国文化,就是我们"直接碰到的既定的、从过去继承下来的条件",是影响中国人过去、现在和将来的传统。传统是社会的一种生存机制和创造机制,借助于它,历史才得以延续、进行、飞跃,社会的精神成就和物质成就才得以保存和实现。正因为如此,文化传统并非仅仅滞留于博物馆的陈列品和图书馆的线装书之间,它还活跃在今人和未来人的实践当中,并在这种实践中不断改变。每一个有志于为民族的未来贡献心智和汗水的中国人,都应当努力熟悉传统,分析传统,变革传统,而学习和研究中国海盐文化,可以从中感受煮海为盐的勤劳勇敢精神,追求卓越的创新智慧,以盐利民的爱心品质,以盐富国的家国情怀。

中国海盐文化源远流长,博大精深。学习和研究海盐文化,必须坚持唯物主义历史观,将理论学习与实践考察相结合。面对这样的学习和研究对象,掌握正确的方法,十分重要。我们要注意掌握以下几种方法:

1. 历史梳理与逻辑分析相结合

中国海盐文化历经数千年演化,内容异常丰富。我们要对它的来龙去脉有一个明晰的了解,要避免被无法穷尽的枝节材料所淹没,唯有将历史的方

法与逻辑的方法有机地结合起来。正如恩格斯所说:"历史常常是跳跃式地和曲折地前进的,如果必须处处跟随着它,那就势必不仅会注意许多无关紧要的材料,而且也会常常打断思想进程……因此,逻辑的研究方式是唯一适用的方式。"

2. 典籍研习与社会考察相结合

中国海盐文化的要义,多被记录在汗牛充栋的古籍之中,研读这些古籍,尤其是其中具有经典意义的文献,如《两淮盐法志》《熬波图》《盐政志》等,对于我们把握中国盐文化的精髓,无疑是非常重要的。但这只是问题的一方面,另一方面,中国海盐文化的众多要素,是以非文本的形式,存留于社会生活之中,例如起居习俗、婚嫁礼仪、道德规范、遗址建筑等。这就要求我们将研究视野扩大到文本之外的社会生活的宽阔领域,将典籍研习与社会考察结合起来,相互比照,相互印证,相互补充,从而对于生生不息的中国海盐文化,有一个动态的、全面的了解。

3. 批判继承与开拓创新相结合

千百年来,我们的先辈对于养育自己的中国文化,进行过详尽的研究,取得了精湛的成果,我们没有理由拒绝这一份珍贵的遗产。苛求前人,否定过去,打倒一切的非历史主义和民族虚无主义态度,是不可取的。但是,我们又不能被前辈的认识成就所束缚,一味沿袭。新的时代,新的社会,对于中国海盐文化的研究,提出了新的课题,新的要求。我们唯有以历史唯物主义的科学观点和方法,批判地继承前贤已经取得的成就,同时根据时代的要求,不断开拓创新,才能在中国海盐文化的学习和研究领域有所发现,有所发明,有所启迪,有所创造,有所前进。

思考与研讨

1. "文化""盐文化""海盐文化"概念的内涵是什么?
2. 查阅网络资料,了解以"盐"为发展特色的主要城市。

参考文献

1. 张银河著:《中国盐文化史》,大象出版社,2009 年。
2. 孙永有主编:《海盐文化论丛》,盐城市海盐文化研究会,2006 年。

资料拓展

承相史曰："夫辩国家之政事，论执政之得失，何不徐徐道理相喻，何至切切如此乎！大夫难罢盐铁者，非有私也，忧国家之用，边境之费也。诸生闇闇争盐铁，亦非为己也，欲反之于古而辅成仁义也。二者各有所宗，时世异务，又安可坚任古术而非今之理也。且夫小雅非人，必有以易之。诸生若有能安集国中，怀来远方，使边境无寇虏之灾，租税尽为诸生除之，何况盐铁均输乎！所以贵术儒者，贵其处谦推让，以道尽人。今辩讼愕愕然，无赤赐之辞，而见鄙倍之色，非所闻也。大夫言过，而诸生亦如之，诸生不直谢大夫耳。"

——《盐铁论》卷五《国疾第二十八》

扫码看看

《海盐传奇》第一集

http://tv.cctv.com/2016/03/15/VIDEWMifu3miFBVGaax9A7qp160315.shtml？spm＝C55924871139.PY8jbb3G6NT9.0.0

第一章　海盐溯源

盐,是人民的生活必需品,与粮食同等重要,借以维持生命,一日不可缺少。盐,不仅是维持人体及其他许多生命体内部机能正常运行不可缺少的重要物质,也是人类先祖们得以生存和生活,进而创造出光辉灿烂的早期文明的源泉。在人类文明的演进中,它有着特殊的功绩,不仅与人民生活休戚相关,而且关乎到社稷之安。中国是一个古老的文明国家,也是世界上盐业历史最长的国家之一,中国的盐文化璀璨厚重。

千百年来,我们谁都离不开盐。可是你了解我们每天都在吃的"盐"吗?你知道它是从哪儿来,怎么形成的吗?它又是如何被人类发现和掌握并加以生产应用的呢?让我们一起来追溯盐的由来。

第一节　自然盐的发现

自然的盐,古代称之为"卤",据《天工开物》记载:"四海之中,五服而外,为蔬为谷,皆有寂灭之乡,而斥卤则巧生以待。"这则史料的意思是说:天下之大,到处都会有不长蔬菜、不长粮食的不毛之地,然而即便是在这些地方,盐仍然能巧妙地分布各处,以待人们享用。

因为人类对自然盐的开发和利用是在洪荒时代,所以,常以神话的传说形式流传下来。

一、有关自然盐之盐神的传说

人类早期对于自然盐的食取,就跟很多动物一样,往往出于生理本能。人类可能通过无数次、随机性的品尝咸湖水、海水、盐岩、盐土,发现了咸味的诱惑,不自觉地主动去获取,渐渐地形成对食盐的依赖。

中原古华夏族似乎对人工盐的重视,大大超过自然盐,因而对发现自然盐一事,并没有留下什么有影响的传说。现在广为流传的是有关"盐神"的传说。

"盐神"传说讲的是：在我国四川省盐源县的纳西族，供奉的神祇中有一位盐神，是一位少女。传说她在牧羊时，发现一群白鹿在一个池边饮水，而她所放牧的羊也喜欢饮用这个池里的水，她于是也尝了一下池水，发现是咸的，后来，她把这个发现告诉了别人。于是人们在此掘井，提水煎煮，得到了许多盐。这口井就是现在的白盐井。

二、黄帝为池盐战蚩尤的传说

自然盐的遗迹有很多，其中最为有名的是山西省运城市，那里有个盐池，叫解池，又称河东盐池。古人记载"其河东盐池，玉洁冰鲜，不劳煮渍，成之自然"（王廙《洛都赋》)，这句话的意思是说解池产盐，无须人工。每年夏季的南风一吹，解池沿岸的水迅速蒸发，凝结成盐粒，"朝取暮生，暮取朝复"，取之不竭。

学者们普遍认为，人类对于自然盐的获取是经历了不自觉到自觉的过程。所以在那些比较容易获取自然盐的地区，慢慢地成为早期人类的聚集地，进而产生早期盐文化。

为了争夺和控制盐资源，因盐而发生的战争不胜枚举。《史记》中记载炎帝和黄帝在山西解池演绎了"中华第一战"。据有关专家考证，"炎黄血战，实为食盐而起"。广为流传的黄帝战蚩尤的传说也是因为争夺山西解池。

图1-1　涿鹿之战

关于黄帝战蚩尤的传说，早期文献资料《孔子三朝记》《韩非子》《山海经》《史记》等都有不同程度、不同角度的记载。如《孔子三朝记》记载："黄帝杀之（蚩尤）于中冀，蚩尤肢体身首异处，而且血化为卤，则解之盐池也。因其尸解,故名此地为解。"这则史料给我们再现了黄帝战蚩尤,蚩尤血化为盐池的生动悲壮的盐业神话故事。神话故事虽不乏夸张和想象,但一定程度上,它给我们呈现了盐业历史之古老,呈现了盐业历史之真实,表现了人们良好的生活愿望,赞美了人们不屈不挠的斗争智慧。

图1-2　炎帝画像　　　　　　　图1-3　黄帝画像

三、有关矿盐之盐姥的传说

另一种自然盐是矿盐,也称岩盐。传说很久以前,有山区农妇,打柴时发现一块色泽如玉、晶莹剔透、棱角分明的石头,于是她当成宝物搬回放在灶台之上。自此,这位农妇做出的饭菜分外馨香有味。农妇自己也觉蹊跷,查无原因。后来经过观察发现,灶台上的石头每当锅中水汽蒸腾,石块表面光滑润泽,有少量津液溶解流进锅中。于是,这位农妇把这个消息告诉给乡邻,百姓纷纷仿效,果然如此。这位农妇死后,当地人们十分怀念,称她为"盐姥",给她修了一座庙,起名盐姥庙。传说中盐姥发现的石头,应该是一种裸露在地表之上的矿盐。

史书中还有关于"戎盐"的记载,陶弘景注释《神农本草经》曰:"戎盐味咸,一名胡盐,生胡盐山,后西羌北地、酒泉福禄城西南角。"产于"盐山"的盐,称岩盐。秦汉时,称匈奴为北胡,居住在五原和阴山以北地区;北地,汉代郡名,郡治甘肃环县南曲子附近,酒泉郡治福禄城,均系所谓"西戎"之地。在所谓"戎""胡"居住地区所产的盐,或称"戎盐"或称"胡盐",两者并无质的区别。"盐山"实指大粒矿盐,除了主要化学成分 NaCl 外,因地质、地层不同,所含的其他微量元素各异,从而出现赤、紫、青、黑、白等不同的颜色。岩盐在药物学上也有一定地位,《神农本草经》说,戎盐"可以疗疾""主明目,目痛,益气,坚肌骨，去毒虫"。史书中有误中"班茅，戎盐解之"的记载。

随着时间的推移，人们已不再满足于仅仅依靠大自然的恩赐所得到的自然生成的盐，开始摸索从海水、盐湖水、盐岩、盐土中制取盐。地球上盐的储量最多的是海水，中国关于食盐制作的最早的记载是关于海盐制作的记载。

第二节　人工盐的开发

自然形成的盐是大自然的恩赐，但它的产地、产量和质量，都受着自然条件的制约。随着人类社会的进步，自然盐已经不能满足人类对食盐的需求了。人们开始从海水、咸湖水、盐岩当中摸索出一些制取盐的方法，开始了人工制盐的历史。

人工制盐是一项伟大的发明，在盐业发展史上，是真正具有划时代意义的技术。早期的人工制盐，主要有利用海水熬制的海盐，还有利用地下盐卤熬制的井盐。相比较来说，海盐的资源是海水，它暴露在外，容易获取，用之不竭。而井盐的盐卤是藏在地下的，资源很隐蔽，不容易被发现，而且很难开采。所以在人工盐的制取上，学者们一致认为海水煮盐早于井盐。

一、"煮海为盐"的神话

在中华民族灿烂辉煌的文化遗产中，有不少关于海盐起源和海盐被开发利用的神话传说。它们用丰富的想象、夸张的手法记述着海盐业发展的历史，展示着海盐生产经营管理者的理想和追求，凝聚着劳动者勤劳勇敢的品德和不屈不挠的精神。

1. 悟空盗盐

传说中的盐，只有人间才有，天上是没有的。玉皇大帝到东海边的九喀啦山做客，地方山神、土地神设宴款待。玉帝发现这里的菜肴鲜美可口，赛过了天上的龙肝凤胆，于是问山神、土地神是什么缘故。山神、土地告诉他，除了葱、韭、姜、蒜类之外，主要是放盐。当玉皇大帝见山神、土地神捧出一颗颗晶莹雪亮的盐粒让他看时，他心里打起了主意："我如此至高无上，怎么就享受不到食盐？而世上普通人，比我还有福分。"于是，玉帝回到天宫后，下的第一道御旨，就是命太阳神将世上的盐烤成盐砖,带回天宫供自己享乐。

孙悟空听说后,心里十分恼火,就决心到天宫替百姓夺回食盐。悟空在玉帝厨师那里,看到确实放着一块四角方正、晶莹剔透的盐砖。厨师每炒一菜,就用小刀在雪白的盐砖上刮点屑子放进锅里。悟空趁他们不注意,使了个分身法,自己变成了一块假盐砖,抱着真盐砖就跑。此事被玉帝知道后,就命天兵天将追赶。悟空急中生智,将盐砖"扑通"一声扔进海里,托塔天王急令哪吒去捞,盐已经在海水里溶化。从此以后,海水就成了咸的,百姓需用盐时,把海水一煮就成了。

2. 落凤化盐

传说詹打鱼在渤海湾捕鱼时,在海滩上看见落有一只美丽的凤凰,便想起前辈常说的"凤凰不落无宝之地"。于是他便将凤凰脚下的泥沙挖些带回家,放在灶台上当宝贝来供奉。不几日,灶火将泥沙块烤化后流进了菜锅,詹打鱼一尝,味道格外鲜美。受此启迪,他便常到海边挖泥块,煮海水,终于煮出了晶莹洁白的盐。当地百姓也逐渐掌握了海盐制法,便将詹打鱼尊为盐神。

3. 张羽煮海

相传海盐为秀才张羽煮海所得。秀才张羽借寓于东海岸边石佛寺中。一日,他的琴声引来了东海龙宫的琼莲公主,两人志趣相投,琼莲临别相赠龙宫之宝鲛绡帕,暗许婚姻,并相约八月十五在海边相见。谁知琼莲为拒天龙之婚,被龙王关入鲛人洞中受苦。张羽闻报借助鲛绡帕闯入龙宫求见,反遭天龙之辱,被绑在鲛人洞外化成礁石。琼莲得讯舍出颔下骊珠救张羽出龙宫,张羽生还人间,并得龙母指点至蓬莱岛求仙相助。蓬莱仙姑赠他三件法宝,在沙门岛煮海,烧死天龙,降服龙王,最终成全了张羽和琼莲的美好心愿,喜结良缘。

4. 夙沙煮海

相传远古的神农氏时代,今胶东半岛的有一部落少年叫瞿子,母亲被海中恶龙夺去了生命。为替母亲报仇,瞿子决定把大海煮干,制伏海中的恶龙。之后,每天清晨,瞿子用陶罐舀海水来煮。时间一久,瞿子发现每次把一罐海水煮干后,罐底总要留下些白色、黑色、红色、黄色、青色的颗粒,味道咸涩。人们给它起名"龙沙"。后来瞿子担任部落首领,炎帝封瞿子所在的部落为夙沙氏,专门负责煮海制盐。

当上古时期的人们将无法解释的现象归于神的意志的时候,人类文明的起源便开始了。盐何时出现在人类生活之中，只能像神话那样做大致的描述而无法细究。然而，海盐的出现的确是一件惊天动地的大事。在仅见的历史记述中，夙沙第一次将盐从海水中析出，却成为三皇五帝时代无法想象的一件创举。夙沙也因此走上圣坛，成为保佑这个行业的先宗。

我国早期的古籍当中，均有"夙沙氏煮海为盐"的相关记载。"夙沙作煮盐"（《世本·作篇》）；"夙沙瞿子煮盐，使煮滔沙，虽十宿不能得"（《鲁连子》）；"夙沙氏之民，自攻其君而归神农"（《吕氏春秋·用民篇》）。

历史上是否真有夙沙氏其人，尚不可断定，但可以明确的是，夙沙氏是中国古代劳动人民发明用海水煮盐的智慧者的化身，后世遂尊崇夙沙氏为"盐宗"。宋朝以前，在河东解州安邑县东南十里就修建有专为祭祀"盐宗"的庙宇。清同治年间，盐运使乔松年在泰州修建"盐宗庙"，庙中供奉在主位的即为煮海为盐的夙沙氏，商周之际运输卤盐的胶鬲、春秋时在齐国实行"盐政官营"的管仲，则置于陪祭的地位。

古老的夙沙部落，与大海为邻，不仅首创了煮海为盐，而且在商周时期，就已经在当地推广和普及煮盐技术了。

图1-4　夙沙雕像

二、最早煮海遗址的发掘

中国历史上关于"煮海"的记载，最早见于先秦时期的《世本·作篇》，然而当时是如何煮海水为盐，至今仍是个谜。二十世纪末，以盐业为专题的考古工作陆续展开，通过在山东、江苏、浙江、广东等沿海众多海盐生产遗址的发掘调查，推测大约在新石器时期晚期，先民们或利用近海滩地的咸水，或利用海潮涨落，引海水经过坑、滩等场地有所浓缩后，持续注入集中安插于灶格上的陶具，煮熬成盐。

目前发现的盐业遗址主要有：浙江宁波大榭盐业遗址，玉环宋代盐业遗址，温州洞头县九亩丘宋代遗址；山东沾化杨家，广饶南河崖、东北坞，寿光双王城、大荒北央，潍坊寒亭央子，昌邑利渔等一批大规模的制盐遗址群；河北黄骅市海丰镇遗址、羊庄镇唐代煮盐遗址；中国香港屯门、铜钱湾等处盐业遗址(南朝—唐)；广东深圳咸头岭遗址等。另外发掘的史前盐业遗址有：重庆中坝新石器晚期遗址。

浙江宁波大榭遗址史前盐业遗存距今约 4400 年—4100 年，大约为良渚文化末期。发现的盐业遗迹主要有盐灶 27 座，灰坑 5 个，陶片堆 2 处，制盐陶器废弃堆积 18 处。有单一型盐灶，一灶一灶眼；有复合型盐灶，灶坑内排列多个盐灶。制盐陶器废弃堆中发现有陶缸、陶盆、陶支架等和大量的烧土块及白色碳酸钙质结块，说明当时有加热卤水的过程。大榭遗址为目前我国沿海地区发现的最早的海盐生产遗址，为探索我国海盐手工业的起源和发展奠定了基础。

图 1-5　浙江宁波大榭盐业遗址(中国海盐博物馆供图)

山东地区自古以来也是我国重要的海盐产地。目前发现的主要是商周时期的盐业遗址，遗址总数多达上千处，大致分布在距现在海岸线 10—30 千米的范围之内：遗址地表散布了大量的盔形器残片，还有大型圜底瓮残片；山东寿光双王城遗址，还发现了盐卤水坑、淋卤滩场的遗迹。

从这些考古发现中，我们可以窥见早期海盐的生产方式和生产工具。至少在商周之际，"煮海为盐"的技术在

图 1-6　山东寿光市双王城制盐遗址盔形器(中国海盐博物馆供图)

这些地区得到普及并推广到周边地区，为中国海盐业的兴盛拉开了历史序幕。

第三节 古"盐"字释义

一、仓颉造"鹽"传说

关于"盐"字的最早出现,没有文献资料可查。世代相传说是黄帝时的一位叫仓颉的大臣所创造。传说中仓颉有四只眼睛,有书写的天才。他能仰观天文,俯察万物,天上的星斗、龟背上的甲纹、鸟的羽翼、山川的形势,他都可以收摄临摹,创出文字。所以后人把盐字的出现也记在他的名下了。

仓颉造"鹽"字的传说有两种说法:

第一种说法:仓颉跟随黄帝迁都到河东盆地盐池附近,回忆起黄帝是怎样经过残酷战斗,才击败欲夺天然盐湖资源的蚩尤民族;又是怎样代表正义,满怀一腔愤怒,将好战分子蚩尤进行肢解,蚩尤的血又是怎样流进盐池的。人类对盐池里的盐,又是怎样的珍惜有加,容不得丝毫的破坏和浪费。黄帝经天纬地,作为天下部族的盟主,对盐池食盐又是怎样的高度重视,让办事公正的大臣去管理盐池。仓颉看到每个人不论贫富,可以公平用盐的情景,体会百姓得到盐时的不同心情,一切

图 1-7 仓颉画像

外在的、内在的、自然的各种因素,反复与他的心灵发生碰撞,经过一连串的思考,"鹽"字的字形在仓颉头脑中产生了。他把它认真地写了出来,感觉非常满意,便把这个字带给黄帝看。黄帝看了这个"鹽"字,也非常满意:盐是德高望重的大臣掌管的,左上边指的就是"臣"。盐必须每个"人"和"口"都有,右边的人口呼之欲出,人都珍惜地把盐放在器"皿"中供日常食用。黄帝要的字就是这个字!后来有人解释,为什么解池最初的"盐"字写成"鹽",这是因为"鹽"和"古""苦"属于谐音,证明它是自然生成已久,而且解池盐本身味道除了咸之外,稍有点"苦"。

第二种税法:相传,夙沙氏煮出五彩缤纷的海盐后,炎帝带着夙沙氏去拜见黄帝。宴席中,炎帝和夙沙氏献出海盐用于调味,其结果,海盐调出的味,

比黄帝拥有的盐池自然生成的苦盐味道鲜美。黄帝一打听,知道是炎帝的大臣夙沙氏带领部落人用器皿煮海水的结果。于是,黄帝要求仓颉造一个"鹽"字。

仓颉结合夙沙氏煮盐经过,及其身为炎帝之臣等多重含义,就造出了"鹽"字。这个"鹽"字由"臣""人""卤""皿"四个部分组成。"臣"代表夙沙氏是炎帝的大臣;"人""卤"代表盐是由人监视卤水煎盐,"皿"则说明煮盐所使用的器皿。

二、拆"鹽"字解字义

汉字是音、形、义的结合体。从造字的方法来说,有象形、指示、会意、形声、转注、假借。每一个字都可以找出它相应的造字法,一般地说,一个字只有一个造字法,如"人"的造字法是象形,像一个侧面站立的人;"比"是会意,是两个站在一起的人比高矮;"钢"是形声,左形右声,形旁告诉我们意义,是金属,声旁告诉我们读音。"盐"这个字,甲骨文、金文中都没有,最早的盐在篆书中写成这样:

盐(鹽)字首见于《周礼·天官》的"盐人,掌盐之政令"。这个古"鹽"字不仅笔画较多,其造字法也较为特殊,左时珍在《中国盐政史》中认为这个字是"象形"兼"会意",但如果从字的整体来看,应是"会意"为主,兼以"象形"——构成这个字的几个部分,如"臣""人""卤""皿"几个象形字,都是作为整体字的"零件"出现的。《说文解字》解释为:"盐,卤也,天生曰卤,人生曰盐,从卤监声。"盐是形声字。那么,这个古"鹽"字,透露多少信息呢?

古"鹽"字是上下结构,上面的部分又分左右两个部分:

左上角的"臣"字是象形,是一个弯腰、表示臣服的人。那么古盐中为什么要有一个"臣"字呢? 它告诉我们古代的盐是官府专营的,朝廷要派大臣来监督、管理的。事实也正是这样,尽管盐的生产销售在历史上有过无税的时期,但这种不收税、让老百姓自由产销的时期毕竟短暂,更长的时期是官府管理其产销,要向朝廷交税。

右上角的上面是个"人"字,这个"人"的下面是个"卤"字。前面说过,"人"是象形字,像一个侧面站立的人;而"卤"则是个会意字,其中四点好似卤水的水滴,而这些水滴又是盛放在容器里。如果是篆字的话,可以清楚地看出,这个人在注视着卤水。因而,我们完全有理由说,这个"人"是"煮卤为盐"的人——灶民,他在官员(臣)的监督、管理下辛苦地劳作着。而且,左为尊,"臣"(官吏,此字中可理解为盐官)字居左上角,以显示其尊贵的身份。为保证盐业收入,控制盐产,朝廷专设盐场,派专人生产盐。灶民是个庞大的产业队伍,以明代两淮盐场为例:洪武二十三年,灶丁 44 074 人;弘治年间,灶丁 38 050 人;万历九年,灶丁 69 057 人。盐业生产规模由此可见一斑。

下面的部分是个"皿"字。这个"皿"字占了这个字的一半,也足以说明其重要性:一是告诉我们煮海为盐的方式,"卤"字在上,"皿"字在下,是说盐是将卤水盛放在器皿中煮沸而成的;二是告诉我们这种器皿是"煮海为盐"的重要工具,在古代盐业生产中占有重要位置。

另外,这个古"鹽"字还告诉我们这样一个信息:尽管古代还在利用一些自然结晶的"盐",如解盐,但到文字出现的时期,这种盐在整个食用盐的比重中已不是主要的了,人类食用盐的大部分是通过煮卤制作出来的。

总之,古代盐的管理体制、盐的生产关系和盐的生产工艺等,这一切,一个古代的"鹽"字就全部概括了,由此发展而起的海盐文化,丰富多彩,异彩纷呈。

第四节　盐的种类功用

一、"盐"的种类

从本质上说,所有的盐都是一样的。然而,为何有很多名字的盐?我们日常听说的就有海盐、井盐、矿盐、池盐、淮盐、浙盐、川盐、闽盐、潞盐等。除了这些名字的盐之外,历史上还有形盐、蓬盐、官盐、私盐等。这么多名字的盐按照生产方式分,有海盐(蓬盐)、井盐、矿盐(形盐)、池盐;按照生产区域来分,则有淮盐、浙盐、川盐、闽盐、潞盐、长芦盐等。而官盐、私盐则是盐在流通过程中出现的名字。

海盐,就是常说的"煮海为盐",即利用海水或海水中的卤化物通过一定的方法制作盐。这里所说的方法主要有两种：一种是先制取卤水，然后用柴薪煮卤（蒸发卤水中的水分）成盐；一种是利用日光曝晒，使海水盐分浓度加大结晶。

井盐，先打井提取地下卤水，然后煮卤成盐。可以说，井盐与海盐在制作上是"殊途而同归"。"殊途"是指取卤的方法不同；"同归"是指煮卤成盐的方法相同。我国的井盐主要是四川自贡一带出产的"川盐"。

矿盐，开矿取出的地下盐，类似于开矿挖煤。如果从原材料的来源说，矿盐与井盐又有点相似之处，都是从地层下面取来的。地下的盐从何而来，这和地壳运动、变化有关。俗话说"沧海桑田"。"沧海"变成"桑田"（或其他地形，如丘陵、山峦）了，海水中的水分逐渐没有了，但其中的盐分却留下了。这就是地层下面有盐矿的原因。盐又是溶于水的，地下的盐如溶进了地下的水再流出地表，那么就成了"盐泉"。

池盐，是"死湖"（人们把大的湖也叫做"海"）中自然结晶的盐，所谓"死"是指四周与外界不再相通。海水中含有大量的盐分，如钠、镁、钾等盐类。这些盐分却是大自然的力量从陆地上"搬运"去的。天上下的雨中本来没有盐，落到地上就溶入了地表中的盐分。百川归海，这些含有少量盐分的河水就流入了大海。含有少量盐分的河水流入了大海后，由于日积月累的日光曝晒，水分不断蒸发，盐分不断积累，海水中的盐分也就越来越多。海水中的盐分虽然越来越多，但因为不断有含有盐分很少的河水流入稀释，其浓度还远没有多到"自然结晶"的地步。死湖、死海就不同了，因为四周与外界不再相通。流入的含有盐分的河水极少，小于日光曝晒的蒸发，日积月累的就使得死湖（海）水里达到了"自然结晶"的浓度了。池盐的形成与海盐生产中的晒盐相似，辽阔的湖面就好比一个巨大的晒盐池。我国的池盐主要是山西运城的"解盐"。

淮盐、浙盐、川盐、闽盐、潞盐、长芦盐都是以生产区域的地名命名的。其中淮盐是指出产于淮河流域的海盐。淮河发源于河南省南部桐柏山主峰太白山顶，东流经河南、湖北、安徽、江苏四省，而河南、湖北、安徽三省均不产盐，淮盐实际上是指淮河流经的江苏北部（即苏北）地区出产的盐；浙盐是指出产于浙江一带的海盐；川盐是指出产于四川自贡的井盐；闽盐是指出产福建一带的海盐；潞盐又称解盐或河东盐，是指出产于山西运城的池盐，因境内的一个名叫潞村的地名而得名；长芦盐是指出产于天津一带的海盐，因境内有长芦盐场而得名。

二、盐的功用

盐不仅是人类维系生命机体的重要元素,而且与国家的命运紧紧联系在一起。

(一)盐乃"食肴之将"

盐,是"百味之王""食肴之将"。俗话说"厨中美味盐为首",盐能够改善食物的滋味,刺激我们的味觉,增进我们的食欲。不仅如此,我们的身体真的不能缺少盐。

在日常生活中,人们必须不断地摄入一定数量的盐,才能维系生命机体的正常活动。现代科学研究证明,盐对人的生命极为重要。

第一,盐是人体细胞液的组成部分,也是细胞内外渗透压起平衡作用的必不可少的物质。

当人流泪流汗时,盐中的化学成分便起到排毒和抗菌作用,使眼睛和皮肤不受病原体的侵害。专家们指出:一个人如果想让自己精力充沛和才思敏捷,他的体内就必须经常保持 300 克左右的盐分。这样,人体才能感到舒服,心脏才能更好地工作,血液才能正常地流动,筋骨和肌肉才会有劲。如果人体内的盐分丧失掉一半以上,而且又未能及时获得补充,那么就会出现抽筋、肌肉疼痛,有时还会觉得恶心,严重时甚至会出现休克,所以在夏天大量出汗以后,必须及时补充含盐饮料。

第二,盐是人体电解质平衡不可缺少的物质。

人的血液中约含有 0.6%—0.9% 的食盐,维持这种情况,心脏才能正常跳动,肌肉才能保持刺激感应性。人体大量失水时,将同时伴有大量食盐的损失。食盐在人的新陈代谢过程中常随汗液排出,从事高温作业、紧张的体力劳动、剧烈的体育锻炼之后,要补充盐分。人体缺少食盐会感到头晕、倦怠、全身无力,长期缺盐易患心脏病,严重时可产生"低钠综合征"。如果人体摄入的食盐太多,则会影响新陈代谢的正常进行,使酸碱平衡失调,容易产生钠的滞留,从而导致肾脏病和高血压病。

第三,盐是人体内生命蛋白酶合成的组成物质。

人的味觉可以感觉到咸味最低浓度为 0.1%—0.15%,感觉最舒服的食盐溶液的溶度是 0.8%—1.2%。制作汤类菜肴应按 0.8%—1.2% 的用量掌握,煮、炖菜肴时一般控制在 1.5%—2% 范围内,这些菜肴常和不含盐的主食一同食用,是下饭的菜,加盐量应稍大一些。盐在烹调过程中常与其他调料一同使用,几种调料之间发生作用,形成复合味。咸味中加入微量醋,可使咸味增强,加入醋较多可使咸味减弱。醋中加入少量食盐,会使酸味增强,加入大量盐则使酸味减弱。咸味中加入砂糖,可使咸味减弱。甜味中加入微量咸味,在一定程度上还会增强甜味的感觉。咸味中加入味精可使咸味缓和,味精中加入少量食盐可增加味精鲜度。食盐有高渗透作用,制作肉丸、鱼丸时,加盐搅拌,可以提高原料的吃水量,制成的鱼丸非常柔嫩。和面时加点盐可增加弹性和韧性,发酵面团中加点盐可起到调节面团发酵速度的作用,使蒸出的馒头松软可口。俗话说"好厨师一把盐",放盐也不是谁都能放得妙的。

第四,钠离子对人体的神经末梢具有刺激作用。

人体运动是肌肉、肌腱的神经受到刺激的结果,而人体四肢的运动乃至心脏的起搏,都不能缺少盐的作用。盐进入人体后,部分钠离子和氯离子就参与机体的活动。钠离子为人体机能的运转提供"信息服务",即通过电脉冲将极重要的生命信息从一个神经细胞传递到另一神经细胞;氯离子则能帮助大脑抑制人的行为,防止过分激动。

《天工开物》中有一段关于盐的重要性的记载:"口之于味也,辛酸甘苦经年绝一无恙。独食盐,禁戒旬日,则缚鸡胜匹,倦怠恹然。岂非'天一生水',而此味为生人生气之源哉?"是说辣、酸、甜、苦,任何一味,即使整年不吃,对人的身体都没有多大影响。唯独盐,十天不吃,就没力气到连只鸡都抓不住了,像得了重病一样,无精打采、软弱无力。自然界产生水,而水中产生的咸味,这是我们生命力的源泉!

（二）盐乃"国之大宝"

有特定功效的食盐不仅支撑着人的生命,厚重的盐利还保障着国家的运行。盐的重要性,不仅限于个体生命,上升到社会和国家的层面来说,它曾经是我国历朝历代重要的财政支柱,备受统治者的重视,被誉为"国之大宝"。汉代《盐铁论》可以为证,明清"天下之赋,盐利居半",更可以为证。

盐能兴国、能富国,盐资源和水资源、粮食一样,是一个国家、一个民族能够兴盛的必不可少的物资。历史上多少部落、多少城邦和国家,因盐而战,因盐而兴,也有因盐而亡的!

几千年过去,科技日新月异,新产品、新材料层出不穷,可至今仍没有发现能够取代盐的物质。日常生活中,食盐仍居调味之首,不仅用于调味,还用于保存食品、消毒、酱制品、罐头、制造生理盐水、黄油、奶皮、肠衣、制冰、冷冻剂、冷藏以及软化水、人造沸石的再生等。加碘食盐在全球承担着消除碘缺乏病,保障孩子智商、提高人口素质的社会重任。工业盐还成为氯碱化工之母,成为玻璃、陶瓷、电子、航天、石油钻探等行业的重要原料。

纵观古今,这个不起眼小颗粒,一直被人们赋予种种特殊意义,远远超出了它与生俱来的自然属性,介入人类社会各个领域。传说中的"夙沙煮海",生命需求的"食肴之将",天下赋税仰仗的"国之大宝","盐"演绎了众多的传奇故事,它的生产、运销及由此产生的社会变迁推动了人类历史发展的进程。

思考与研讨

1. 简述古"鹽"字蕴含的历史信息。
2. 盐有哪些类型? 盐有哪些功用?

参考文献

1. 郭正忠主编:《中国盐业史》(古代编),人民出版社,2006 年。
2. 唐仁粤主编:《中国盐业史》(地方编),人民出版社,2006 年。
3. 曹爱生:《淮盐百问》,江苏人民出版社,2012 年。

资料拓展

宋子曰:"天有五气,是生五味。润下作咸,王访箕子而首闻其义焉。口之于味也,辛酸甘苦经年绝一无恙。独食盐禁戒旬日,则缚鸡胜匹,倦怠恹然。岂非'天一生水',而此味为生人生气之源哉? 四海之中,五服而外,为蔬为谷,皆有寂灭之乡,而斥卤则巧生以待。孰知其所以然?"

——[明] 宋应星《天工开物·作咸》

扫码看看

舌尖上的江苏:盐城海盐

https://www.ixigua.com/6711112169468985863/? fromvsogou ＝
1&utm_source ＝ sogou_duanshipin&utm_medium ＝ sogou_referral&utm_

campaign＝cooperation

舌尖上的广东：海盐

https：//www. ixigua. com/6791624484106273284/？ fromvsogou ＝
1&utm_source＝sogou_duanshipin&utm_medium＝sogou_referral&utm_
campaign＝cooperation

DIY 自己的海盐

https：//www. bilibili. com/video/av10320585？ fromvsogou ＝
1&bsource＝ sogou

第二章　制盐工艺

煮海水成盐,使沿海的早期人类彻底摆脱了无意识摄取盐分的本能选择。随着人们对海水及其相关自然现象的深入了解,广大盐民在艰苦的环境中不断更新技术,提高产量与质量,先后历经了"引海淋卤""铸盘煎盐""晒海成盐"等一次次变革,展现了中华民族勤劳、勇敢、智慧、创新的民族精神。

第一节　引海淋卤的奥妙

商周时期的淋卤坑、滩说明当时的人们已掌握了引海淋卤的原始方法。据史料记载,南北朝时期刺土淋卤已形成一种生产工艺,至唐宋时期该工艺逐步成熟并在沿海各海盐产区普遍应用,同时各地因条件不同各有奇招。淋卤技术的推广和日渐成熟,大大提高了海盐的生产效率。"淋卤煎盐"的生产方式在全国大部分海盐区一直延续到明末清初,在淮南海盐区甚至延续到民国时期。

一、制卤的方法

1. 刮沙积卤

盐民利用此法收聚咸沙。先掘地为坑,坑口覆盖茅草,再浮积咸沙,待涨潮时任凭海水冲灌,咸卤自然淋在坑内。取卤汁用盘煎之,顷刻而就。

2. 刮土淋卤

南北朝时期,盐民在生产实践中发明了摊灰制卤的方式。先在海滩构筑亭场,利用亭场底层土壤的"毛细现象",刮晒咸泥,吸取盐分,接着在掘筑的土溜中,盛入咸泥,形成"卤溜",并在溜下设置卤池,再用海水淋滤咸泥,从而获取高浓度的卤水,以供煎制食盐。

3. 摊灰淋卤

淋卤技术日趋成熟后,淮东盐民在刮咸土淋卤的基础上,进化创造出晒灰淋卤的新工艺。据《宋史·食货志》记载,南宋淳熙年间(1174—1189),盐民们将原在海滩犁土削泥的工序改变成摊晒草灰(多量草木灰与少量海滩咸泥的混合物),使咸质聚于草木灰上。这种方法将摊灰、日晒、气象三者紧密结合起来,技术要求相应提高,产量较前更有保证。

4. 掘井汲卤

清代王守基的《山东盐务议略》记载:"就滩中掘井,周围阔十二丈,井上畔开五圈,圈之外开四池,汲井入头圈,盈科而进,放至第五圈,水已成卤,谓之'卤台'"。即利用近海地下具有一定浓度的咸水煎煮成盐。

二、验卤技术

自有制卤工艺以来,验卤法就相伴而生,并随着制卤技术的演变而发展。验卤最初方法比较原始,江淮地区验卤先是置饭粒于卤中,粒浮者即为纯卤。中唐之后,逐渐以石莲子取代。验卤时取十枚,尝卤之厚薄,全浮者全收盐,半浮者半收盐,三莲以下浮者则卤未成。至宋代验卤技术更为成熟,从北宋初的十枚莲子"半浮半收盐"标准,发展到南宋初的十枚莲子取七浮的"七分卤"。这是两淮验卤规格的重大改进。南宋初,浙东越州用五枚"老硬""足莲",以四、五枚直浮为"足卤",其浓度标准又更高些。至宋元之交,浙西采用"莲管汲卤"试验,几乎已达到古代验卤技术的顶峰。

此外,《天工开物》还记有灯烛试卤法,浓卤的卤气"冲灯即灭"。民间还有使用鸡蛋等土法试卤。到了近现代,开始使用波美表进行验卤。试卤技术的广泛应用和日趋发展,为煎盐业节省了燃料和人力。

第二节　煎盐工具的演变

生产工具是生产力发展的主要标志。历史时期海盐产区的煎盐工具大致经历了这样的演变过程:在史前大致为盔形器(陶器);在汉代为牢盆;到唐、宋、元,则为盘铁;明清以后主要是锅鐅,其间反映了盐民在生产劳动中不断总结、不断探索、不断改进生产工具的演变过程。

一、"牢盆"之谜

《汉书·食货志》《史记·平准书》有"因官器作煮盐，官与牢盆"之语，但对牢盆具体形制未作具体记载。光绪年间的《两淮盐法志》也有关于牢盆的记载：汉制煮盐，官与牢盆。据清嘉庆《东台县志》记载："东台三灶等地有铁镬……相传为汉煮盐牢盆，或曰镇水物也，如邵伯铁犀之类。未知孰是。"在今盐城东台市东台镇三灶村农家乐园中，陈列着一尊"古铁镬"，外高 65 厘米，内径 1.63 米，内深 56 厘米，壁厚 7 厘米。底小于面，边阔 15 厘米。在边的四周附有 6 个分布对称、宽 5 厘米、长 10 厘米的小边（实为 6 个方形小齿，见图 2-1）。经考古学者初步考证，此物为煮盐牢盆。[1] 境内现存东台"古铁镬"重约 440 多千克，可容纳近 400 千克的水，据推测，一次可容纳 100 多千克的盐，产量不可说不高。

图 2-1　东台三灶古铁镬

二、盘铁煎盐

盘铁是由汉代牢盆演变而来的主要煎盐工具，有整块盘铁和切块盘铁之分，规制不一。唐宋时期煎盐工具主要是整块盘铁，但史书上关于整块盘铁的记载很少。现在我们所见的关于整块盘铁的最早记载见于明代陆蓉的《菽园杂记》记载，"大盘八九尺，小者四五尺，俱由铁铸，大止六片，小则全块"。宋、元、明时期，出现切块盘铁，由若干角组合而成，且历史规制不同。据记载，盘铁一般厚至 5—6 英寸，重 1 500—2 500 千克不等，由多角切块盘铁组

---

① 曹爱生：《东台古铁镬考》，《盐业史研究》2009 年第 3 期。

成,大的直径 2.5—3 米,厚 0.1—0.2 米,每角重 200—250 千克。最多的大盘有 9 角,小盘亦有 3 角,拼凑后的形状有圆形、方形等。大盘一昼夜可产盐 500 余千克,小盘亦产盐 400—450 千克。盘铁平时每户保存一角,煎熬时各户拿来拼凑成盘,可相互牵制以免私煎私煮。

用盘铁煎盐前,需先做好砌柱承盘、排凑盘面、拌泥嵌缝、芦瓣拦围等准备工作,然后从卤池内注卤入盘,起火煮卤,待卤水将干时,投入皂角数枚,卤即结晶成盐。盘铁每昼夜可熬盐 5 盘左右,每盘成盐约 150—200 千克,昼夜可煎盐 750—1 000 千克。在江苏省盐城市区县前街出土的整块盘铁和滨海陈涛镇出土的切块盘铁充分证明先民使用盘铁"聚团公煎"的重要历史依据,图 2-2 和图 2-3 中盘铁为中国海盐博物馆供图。

图 2-2 唐宋时期整块盘铁　　　　图 2-3 宋元时期切块盘铁

三、竹盘煎盐

浙江、福建、广东海盐产区,当地盐民就地取材,用竹子编制成篾盘,里外周遭都用蜃蛤烧成的石灰涂抹严实,可以起到与铸铁烧盐盘相同的功用,据嘉庆《两浙盐法志》卷一《历代盐法源流考》记载:"上下周以蜃灰,广丈深尺,平底,置于灶。"这种方法成本低,但耐用程度不如盘铁。根据竹盘的大小,昼夜可煎盐 750—100 千克。

四、锅镢煎盐

锅镢煎盐需支搭锅镢灶,形同烧开水的"老虎灶"。一般每灶安置一镢一锅,或一镢两锅。镢在灶门,锅在灶尾,镢以成盐,锅以温卤。当镢中起大泡,卤气开始凝结,俗称"起楼",投进皂角,捶而入之,俗称"直镦"。锅镦煎盐一昼夜,可成盐14镦,每镦约22千克,产盐300余千克。

明中期以来,盘铁与镦混用,以后逐渐以镦为主,清代基本上用锅镦作为煎盐工具。镦比锅大而浅,历代规格大小不一。初时大的直径1.5米,厚约1.5厘米,深约3厘米,每口重70千克。清初以后,锅镦成为一家一户主要的制盐器具,两淮盐运使司在扬州湾头专设官镦厂铸造,灶户按规定缴价领镦。清末民初,淮南锅镦每口圆3米,直径1米,底尖狭小,不太深,每口重59千克,之后逐步演绎成锅、镦连用,一边用镦煎卤成盐,一边用锅预热温卤。于是锅镦分别指两种煎盐器具,浅者为镦,深0.1米;深者为锅,深0.2米,每口重15千克。锅镦由官府统一制作,灶民缴价领用或更换。清末,现今盐城大丰的小海设官镦厂。民国期间至新中国成立初,因海势东迁灶区东移,大丰大桥镇东首昌家墩设镦厂,生产的镦由淮南盐务管理局按计划分配给灶户,或以旧换新,不得随便生产和自由买卖。

图2-4 东台新曹出土的锅镦(中国海盐博物馆供图)

锅镦与盘铁相较,据草煎盐非物质文化遗产继承人邹迎曦老先生口述:"大盘难坏,而用柴多,便于人众";"小盘易坏,而用柴少,便于自己"[1]。明中期"团煎"制式微,锅镦则更适宜于灶户的家庭性生产。至清初,明代团煎之法废除,由一灶一户单用的锅镦代之为主要的生产工具。明万历四十五年(1617年),盐引改征折价,团煎制废除后,便改由商人出资造镦,供灶户生产使用,"各场视籍户多寡以置灶,每灶盘铁四角,官铸官给。其制如石板,其数有角有块,以数块砌一角,四角成一盘,同灶人轮以煎卤,轮次未速,则煮镦以

----

[1] 邹迎曦口述。2017年2月6日。采访人:吴春香、陆玉芹。

需之,亦官给。其形如锅,面浅。故名锅鑬,每灶户给发一口。自盐引改征折价,盐不复入官仓,商人自行买补"①。

煎盐工具铸造史上,经历了官铸盘铁、官铸锅鑬、商铸锅鑬三个发展阶段。锅鑬由传统的"温卤之器"向煎盐之器的转化,标志着明朝"团煎"旧制的衰微,而锅鑬这种代表家庭式个体生产工具的大量铸造,从制盐技术史上却反映了明代生产技术的退步。

五、其他煎盐工具

除了这些大型、特别的煎盐工具外,制盐过程中还有其他辅助性的工具,见表2-1。

表 2-1　其他辅助性工具

名　称	说　明
割草刀	割草积薪用
拖草扒	扒田间散草用
木屐	下草田割草穿
磨刀桶(打刀桶)	刈草磨刀用
掖草扒	割草成岭后,用掖草扒收草掖成捆
大叉子	叉草捆上车用
草钩	装草车用
场夹子	用于碾平盐场子。春夏秋三季遇雨而用。一般用一头牛牵拉,人站在夹子上,增加其重量,将全场夹一遍
大锹	用于挖场沟子。场沟中淤泥积满时,即需挖场沟子,以便排水
灰簸箕	每日晒灰、收灰时,需用灰畚箕挑灰
板锹	晒灰、收灰。每日清晨晒灰时用板锹收灰撒开,后再用扫管扫匀
扫管	晒灰时匀灰用。每日清晨晒灰时用扫管打灰、即匀灰
灰扒	收灰用。每日下午收灰即用灰扒堆成一垄一垄的灰岭
裁板	收灰分担用。用灰扒收成灰岭后,再用裁板将灰岭裁成一担一担
吊桶	提水、吊卤用

---

① 〔清〕林正青:《小海场新志》卷5《户役·淋卤》,《中国地方志集成·乡镇志专辑》(17),南京:江苏古籍出版社1992年版。

名　称	说　明
大舀子	舀卤水进锨煎盐用
小舀子	舀水灭火制灰用
灰扒子(扒灰佬)	扒灰用。煎盐时,将火灰从灶膛内扒出
吊环(烧火佬)	吊火叉烧盐用。因火叉太长,无法操作时用吊环起到杠杆作用,以便于操作
烧钩	烧盐拉草用
抄盐铲子	铲盐用
铲锨锹	铲盐礓用
小叉子	叉草进灶房用
牛车	运草积薪、运盐入垣。由大钦、车轮、车轴、上盘四部分组成,每车可装草 2 500 千克、装盐 3 000 千克,一般用四头牛牵引
格头	套牛用
鞭子	赶牛用
角桶	牛车加油用
盐箩(脚箩)	盐工挑盐入廪或担盐上船用
火叉	烧火煎盐用。因煎盐灶是后拉风灶,三连灶较长,必须有 3 米以上的火叉操作

　　总之,由牢盆到盘铁、由盘铁到锅锨的过程,体现了生产工具利弊的变化,体现盐场生产方式的变化。这些制盐工具凝聚着劳动人民的智慧,它既是历史发展的见证,具有重要的历史文化价值,又具有良好的艺术审美和教育传播价值。

　　传统海盐生产工具反映和记载了中国不同历史时期的自然生态状况、生产力发展状况、科技发展水平,体现出人类认识水平和创造能力的发展过程;制作海盐工具的改进,不仅提高了海盐产量,增加了国家财政税收,而且海盐制作工具的设计理念、精巧构思为启发现代科技教育提供思路。近代以来,由于制盐工具逐渐机械化,这些传统生产工具的实际功能已经衰弱甚至消失,但传统制盐工具设计蕴含的减轻人力、就地取材、团结协作、融入自然的理念仍值得继承和传播。

　　各具特色的煎盐、运盐工具是海盐业发展进步的经典符号。然而,随着海盐业在国民经济中地位的衰弱,与传统海盐生产方式紧密联系的传统制盐工具逐步淡出人们的视野,但与煎盐工具相关的地名仍能依稀可见当年煎盐的情景(详见第八章)。

第三节　淋卤煮盐的流程

海盐制盐工艺是盐民智慧的结晶,是我国优秀的历史文化,在非物质文化遗产中具有重要地位和历史价值。制盐分为煎、晒两大类。

以两淮地区为例,宋元以前,海盐最普遍、最基本的方式是煎煮。明中叶以前,两淮盐场均为摊灰淋卤煎盐法,其生产所需的滩地空间、荡草与卤旺之地以及土壤质地等产盐要素均与海岸东迁密切相关。草丰卤足是两淮盐场摊灰淋卤煎法生产的必备条件。明代中后期,两淮盐场长期南煎北晒。淮北晒盐(砖晒、滩晒、板晒)生产不需要荡草资源,除了卤水外,更需要光照、风力资源以及一定的黏土层分布。淮南盐场长期沿用摊灰淋卤煎法生产,到南宋年间淮南盐区煎盐工艺达到成熟,主要有八个环节:开辟亭场、海潮浸灌、摊灰曝晒、淋灰取卤、石莲试卤、斫运柴薪、煎卤成盐、出扒生灰。[①] 简单来讲,其基本工序为:引潮浸渍,铺设草灰于摊场,经过日晒,收取土卤,再以海水灌淋,得到较高浓度的卤水,上镦煎熬成盐。故"煎盐必资草荡,草多则煎办有具,盐自丰盈"[②]。

一、制卤工艺

从考古资料看,良渚晚期的浙江宁波大榭岛盐业遗址有煮卤的现象,山东商周盐业遗址群或靠掘井取卤的方式(山东沿海地下咸水)煮卤取盐,制盐工具主要靠陶器。《史记》记载,西汉初年吴王刘濞招致天下亡命者"煮海水为盐"。但海水含盐量不多,仅为 3% 左右,所以要取得 1 千克盐,必须加热蒸发掉 32 千克多的水,这不但要消耗大量的燃料,费工费时,以致制盐成本很高。[③] 因此,人们在实践中认识到先制成卤水(含有较多盐分的水),然后制卤

① 张荣生:《从煮海熬波到风吹日晒——淮南盐区制盐科技史话》,《苏盐科技》1995 年第 3 期。
② 乾隆《两淮盐法志》卷 16《场灶·草荡》。
③ 林树涵:《中国海盐生产史上三次重大技术革新》,《中国科技史料》1992 年第 2 期,第 3-8 页。

煮盐,这是海盐生产史上一次关键的技术革命。[①] 制卤主要有两种方法,一是刺土削泥淋卤法,一是摊晒草木灰淋卤法。

(一)刺土制卤法

《太平寰宇记》卷130具体记述了唐五代淮东地区人民采用此法的生产过程,《小海场新志》也记录了此法的生产过程。"刺土成盐法"有着从聚溜取卤到验卤煎煮的一系列生产工序,即刮咸、淋卤、试卤、煮盐。其主要工序为:

(1)摊泥:以咸泥置漏碗中,经海水沥尽,用锹挖出,堆积于漏碗四周,称生泥,天晴时担至晒场,平铺于场面,灰场盐晶如霜,即盐花。

(2)刮泥:灰场盐花既现,盐民即用拖刀,将灰场上浮泥刮起成片。刺取之际,必待"雨晴为度,亭地干爽"。

(3)抄泥:刮起之泥,干湿不均,再由两人背搔扒,反复抄之,使其干松、细碎。

(4)集泥:泥干松后,由两人对引裁板,把泥土收堆成一条直线泥岭,再裁成一担一堆,以利于挑运。

(5)做溜:将堆积之咸泥,用畚箕挑至土基中再做溜,溜底先垫草,咸泥堆在上面做溜,"高二尺,方一丈以上"。

(6)淋卤:溜亦称泥碗,底平如镜。溜边砌一卤井,中间以芦管与卤溜连通。再由妇女和少年手执芦箕,将咸水(海水)从卤溜上方缓缓浇下,使饱溶土中盐分的卤水,自溜底渗入卤井。

(7)验卤:卤水是否符合要求,可以用石莲十枚来验卤,"全浮者全收盐,半浮者半收盐,三莲以下浮者则卤未堪,需却刺开而别聚溜"[②]。

刺土成盐法的制盐过程,体现了生产工序的健全化、生产分工系列化的优点,其间,生产者的组织配合也比较合理,男人干"刮咸刺土"类重活,女子或小孩干"淋卤验卤"等轻活。此外,刺土成盐法要利用潮汐,还要选择合适的天气,才能保证引入海水,提高刺土取卤的效率。

---

① 制卤技术究竟何时产生并无定论。当代学者多认为产生于宋代。白广美的《中国古代海盐生产考》一文认为,"淋卤至迟在宋代已经发明",《盐业史研究》1988年第1期,第53页;刘淼的《明代海盐制法考》一文认为,"淋卤技术,至迟在宋代东南沿海盐区形成",《盐业史研究》1988年4期,第65页;而林树涵的《中国海盐生产史上三次重大技术革新》一文认为"唐代已经开始制卤煮盐",《中国科技史料》1992年第2期,第4页。

② [宋]乐史撰,王文楚等点校:《太平寰宇记》卷130,北京:中华书局2007年版,第2569页。

（二）晒灰制卤法

刺土取卤虽然效率要高于直接煮海为盐,但"取土"所费的劳动强度十分高。至宋代时,亭户在生产实践中,改刺土制溜淋卤为晒灰制卤法。盐民用煎盐草灰制卤比之用咸泥制卤,既减轻了劳动强度,又提高了制卤效率,是制盐技术的又一大进步。具体工序可分为:

（1）制灰:盐民煎盐配有草荡,采白草煎熬,白草在燃烧过程中,还未炭化之前,海水灭火,成为草炭,即草灰,"灰即草灰,每日晓,先合力用削刀削灰,使松,以碌扒碌碎,更用篠竿揽,使极细极平,方担潭中,海水以木瓢洒泼如雨,使之匀透。晒至脯时,则盐花入于灰内,仍以削刀收边,用板堆夹灰,成一长埂,以防夜雨。或收灰入坑,明早仍用翻扒推埂、使平。更碌扒碎之,篠竿、泼水、夹板,堆聚如前"。

（2）晒灰:每日清晨,灶户看天色晴霁,将灰坑内淋过卤的草灰,挑至晒场,"晒灰,言其土之细,如灰也。……盛夏二日或三日,秋冬四日,晒方足。冬则西北风尤胜日晒也,凡灰久咸水浸润出盐尤多"。

（3）淋卤:在亭场周围筑"溜",一般"深八尺,阔五六尺,高二尺,深三尺","溜"旁开一井,深八尺。溜底用短木头数段平铺,水上再铺细竹子十多根。然后挑取场灰填实溜中,干灰入坑后,先将灰摊平,然后用脚依次踏实,再用"稻草覆灰",然后打水,水从灰土上慢慢向下渗透,灰上卤气随水而下,卤水便顺着灰坑下竹管流入卤井中,成为咸卤。

（4）验卤:要知卤的淡咸,必须用石莲子试卤,"以石莲子最重者一粒,次重一粒,又次重一粒,掷卤验之。上卤则最重者浮,为咸卤。否则,最重者沉,次重者浮。俱沉为淡,卤不堪煎矣"[①]。

二、煎煮工艺

无论是刺土淋卤还是晒灰淋卤,若要成盐,还需要煎煮。草煎盐一套流程有八个环节,即开辟亭场、海潮浸灌、摊灰曝晒、淋灰取卤、石莲试卤、矿运柴薪、煎卤成盐、出扒生灰。主要流程为:

（1）备草:盐民煎盐,历代政府都规定配煎草荡,配煎地亩各场不一。

---

① ［清］林正青:《小海场新志》卷5《户役》,《中国地方志集成·乡镇志专辑》(17),南京:江苏古籍出版社1992年版,第212－214页。

（2）煎：卤足草备，即可举火开煎。明万历四十五年（1617 年）以前，煎盐用盘铁。经砌柱承盘、排凑盘面、芦辫栏围、装泥嵌缝等工序，将数角拼合成一盘，用竹管从卤池内注卤入盘，起火煮卤，卤水将干时，投入皂角数枚，卤即开始结晶成盐。"煎法以天时为本，成之以人力。每岁三四五六月，地气上升，卤液腾涌，产盐为多，谓之旺煎。月秋，气渐肃渐减；冬沍，寒气敛卤缩，而火始伏焉。又久旱则潮气下降，久燥则盐不生花，久雨则客水浸溢亭场，沾湿晒灰，反致销蚀，故必雨阳时若而盐始丰。"[①]

在海盐生产过程中，"摊灰淋卤"是一个重要程序。原先，淋卤一次就起煎，以致有些盐场的盐色不佳。光绪初年，淮南盐场发明了"重淋法"，取得了很好的效果。"现据泰分司运判讲求煎炼，先取泰属最下之东、何两场原卤，用灰重淋一次，其清如水，入镬试煎，成盐竟能洁白。犹恐偶然之事，未足为凭，复提十一场上中下各亭之卤，连同过灰煎炼，呈验盐样。一律色洁如霜，无分尖、和场分，始信地气之说未必尽然，特人力不齐，过灰有净有不净耳。"[②]

图 2-5　煎盐图（光绪《两淮盐法志》）

---

① ［清］林正青：《小海场新志》卷 5《户役·淋卤》，《中国地方志集成·乡镇志专辑》(17)，南京：江苏古籍出版社 1992 年版，第 214 页。
② 《清盐法志》卷 108，《两淮九·场产门》。两淮所产海盐按照盐卤的质量一般分为三等，即梁盐、安盐、次盐。梁盐又称为尖盐。"梁盐之中，真梁质轻色白，最为上品，正梁、顶梁次之，谓之尖盐；安盐结于镬底，如炊饭之锅焦者；次盐则以池底不洁之卤，更为镬底尘土所裹，色黑如泥，亦谓之脚盐。"

第四节　晒海成盐的流程

利用阳光、风力等自然资源晒盐,是海盐生产工艺的一次重要变革。起初,晒盐是在淋卤煎盐基础上的拓展。大约在宋、金时期,山东、福建一带开始出现了将淋卤池中的卤水灌入经过铺筑的小面积晒盐池中,借助日晒、风吹逐步结晶成盐的制盐方式,至明代这一技术在各海盐区逐步推广。各地盐民在实践中,因地制宜创造出多种利用卤水晒盐的方式,有埕晒、砖池晒、板晒、石晒等。到了清末,泥池滩晒逐步成为晒盐方式的主流,极大地提高了生产效率,成为我国近现代最普遍的制盐方式。

一、晒盐初现

(一) 日炙盐案

晒盐技术使用的最早史籍记载见之于《金史·食货志》,据记载:

> (大定)二十三年七月,博兴民李孜收日炙盐,大理寺具"私盐"及"刮咸土"二法以上。宰臣谓:"非'私盐'可比。"张仲愈独曰:"私盐罪重而犯者犹众,不可纵也。"上曰:"刮硷非煎,何以同私?"仲愈曰:"如此,则渤海之人恣刮硷而食,将侵官课矣!"力言不已。上乃以孜同刮硷科罪,后犯,则同私盐法论。

通过日晒得来之盐而不是通过煎煮得来之盐是否为私盐? 这在金朝朝臣中发生了争论,这就是著名的"日炙盐案"。

(二) 最早的晒盐发明者

相传最早的晒盐发明者是陈应功。陈应功(944—982),字以忠,因平定福建有功被北宋朝廷封授"平闽将军"。相传陈应功被封为"平闽将军"后,就在今涵江的哆头、新埔、美尾以及鳌山等村一带广设盐场,指导盐民晒盐。陈应功先以"砚池试盐",后经总结、推广,改煮为晒。福建沿海自古盛产海盐,但此前均用柴草煮炼海水获得,成本大又不方便。有一次,陈应功书写时用海水磨墨，后来砚中墨汁干了，发现留有白色结晶体，尝之竟为咸味。他恍然大悟，便率乡亲在海边筑埕拦蓄海水，再让阳光曝晒，果得海盐。此法既节约成本，又可大量生产，很快在家乡莆田推广，并传至外地沿海，朝廷大为褒扬。在《重建世祖忠佑圣侯庙》碑上载“以其改煎为晒，裕国便民”；在《重修忠佑侯公庙》碑上载“且于盐政易薪火而为晒曝，使海滨人共享乐利”。陈应功因之被后人尊为“盐神”，世代祭祀。

二、埕晒成盐

万历《福建运司志》载：海滨潮水平临之处，择其高露者用腻泥筑四周为圆，而空其中，名曰“漏”，仍挑土实漏中，以潮水灌其上。于漏旁凿一孔，水由此出为卤。又高筑坵盘，用瓦片平铺，将卤洒埕中，候日曝成粒则盐成矣。

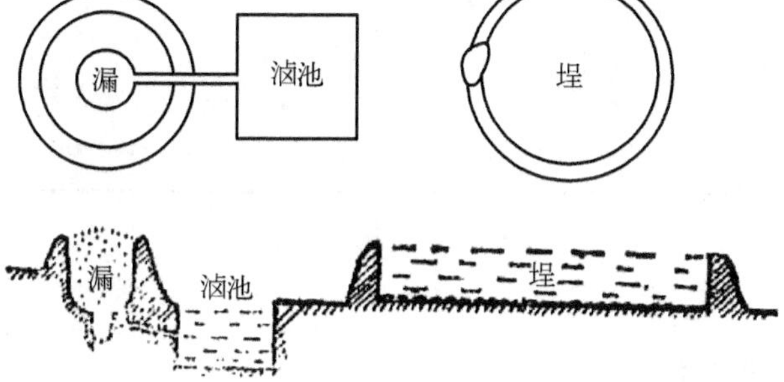

图 2－6　福建埕晒法平、剖面示意图

三、砖池晒盐

用砖块等铺成砖池板晒盐。明代对砖池晒盐规定：在傍海近潮处，每灶各甃砖为一晒盐池，每砖一片长八寸，宽五寸，三百片供盐 1 引（200 千克）。后因砖块体积大小不一，计数麻烦，清代复改为以面积计算，一平方丈为 1 引。砖池晒盐初期采用摊灰淋卤工艺制得卤水，之后逐步改为纳潮制卤。在离海近处开潮沟，引水为卤，称卤沟；在离海远处，穿泉取水，称卤井。然后在砖铺结晶池四周，铺设用以蒸发制卤的泥池，从头道、二道到九道，将海水引入，次第套晒，渍水成卤。每结晶池旁设一小砖卤井，下雨即引卤入井贮存。砖井旁设有沙格,池小而深,用以储卤和向结晶池加卤。晴天将卤加入砖池摊晒,卤面飘花,后成盐粒,将其扫聚,入筐渍去苦卤,成盐归垣。夏季从早到晚即可成盐,春秋需二日,冬季三四日成盐。每块结晶砖池称作"面",每份滩称作"份",每100份以上盐滩集中区称作"疃"。

图 2-7 筑井铺池

四、板晒成盐

利用近海滩涂的咸泥,通过淋、泼等方法制成盐卤,再将卤水倒至盐板中,经风吹日晒,结晶成盐。该工艺主要有制卤、板晒、收盐三道工序。制卤采用刮泥淋卤之法,其工序分辟场、筑溜、纳潮、耙泥、整溜、淋卤、验卤、运卤、掘溜、挑泥渣等。淋卤摊板晒盐,将卤水倒在特别定制的盐板中,利用太阳和风曝晒、吹拂。晴天早晨,将盐板摊置于四角钉有小木桩的晒场,视蒸发量、卤水浓淡适量拗卤。日落收盐,将盐推拢装至盐箩,沥去卤液,洁白晶莹的盐就出来了。若遇雨天,则收拢盐板,以10块堆叠一起,称一幢。上面一块,反面覆盖,防雨淋稀释卤水。若遇风暴,则四角用绳索捆牢,加石压实。板晒制盐工艺流程包括:开辟塔场、引潮灌溉、耙晒咸泥、刮泥淋卤、板晒成盐、出泥曝晒等六事,每一生产周期6—7天。

图 2-8　板晒图

五、砚台晒

盐工们先用耙子把海水涨潮时浸泡过的盐田耙成细小的泥块,晒两到三天后,将盐泥倒入盐池,踩实,并浇灌海水,后进行搅拌。盐池底部铺有细竹和草席,卤水由此过滤而出,汇集成卤。盐工用时称"黄鱼刺"的树枝进行验卤,浓度达标,则将饱和卤水倒入类似砚台的盐槽中曝晒成盐。用于晒盐的盐槽为黑色天然火山石,依据其自然形状凿刻而成,中间平整,边缘高起,分布于盐田周围,远看似高低不平的砚台,故名"砚台晒"。

第五节　滩晒的典型样式

晒海成盐是海盐生产工艺又一次重大技术革新,其最主要形式是泥池滩晒,从而完成了从"煮海为盐"到"淋卤煎盐"再到"泥池滩晒"制盐的三级跳发展。盐民们经过数千年的摸索,完成了全柴烧蒸发到全日晒蒸发制盐的伟大创举。

砖池晒盐明初开始,两淮盐区已出现用砖池晒盐。先是晒海淋卤,再晒卤成盐。之后,演进为纳潮制卤,逐步在砖铺的结晶池四周,铺设用于蒸发制卤的泥池,从头道、二道到九道,将海水引入,次第套晒,渍成卤水,最后将卤水加入砖池滩晒结晶成盐,从而逐步形成了后来泥池晒盐的雏形。到清末民初,开始从分散的小型砖池滩晒,向以八卦式为代表的泥池滩晒发展。清光绪三十四年(1908)在淮北新建的济南盐场,共铺建八卦式盐田 1 000 多份。因此,砖池晒盐是我国海盐生产从煎盐法向晒盐法的过渡期,它在中国日晒制盐史上有着承前启后、继往开来的重要作用。

一、八卦滩

盐民根据制卤晒盐对滩地的需要，按照八卦、九宫、八门等形制，把晒盐滩地设计成"八卦型"盐田。其周围用纳潮沟围圈，在道路出口的选择上，依据奇门遁甲术中的开、休、生、伤、杜、景、死、惊八门，只在东北方向和西北方向留有两个出口，这便是开门和生门，除此以外没有出口。这种滩形为早期泥池滩晒的主要滩形，最早出现在清光绪年间，并一直沿用至 20 世纪 80 年代。

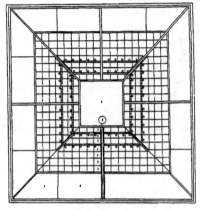

图 2-9　八卦滩示意图（中国海盐博物馆供图）

如图 2-9 所示，滩地构建主要包括以下几部分：大堤、引潮河、大蒸发池、洼格、高格、卤井、加卤格、晒格、官格、胖头河、廪基、驳盐支河，中间为盐廪。

二、对口滩

对口滩是由八卦滩演变而来，民国时期开始出现，两者的生产流程基本一致。所不同的是八卦滩自成一体，适合家庭独立操作，而对口滩每份滩只是一个制卤晒盐的单元，还需要其他公共设施为其配套服务。因此，对口滩更适合集体化、规模化和机械化生产。

由于八卦滩规模小，且以家庭操作的生产方式难以适应海盐规模化大生产的发展要求，于是新式对口滩应运而生。民国三十二年（1943），在板浦盐场新铺对口式盐田 26 份。滩宽 250 米，长 600 米。前后 14 排池格。其中 1—6 排为结晶池，7—9 排为调节池，10—14 排为蒸发池，面积 15 公顷。每份对口滩配备 2.5 千瓦电机，用于扬水制卤。新中国成立后，又将原小对口滩改建为大对口滩。1958 年淮北盐务局在台北（今大丰）盐场铺建新对口滩 30 份。滩长 800—1 000 米，宽 250 米。全滩 12 排池格，其中 1—6 排为结晶池，7—8 排为调节池，9—12 排为蒸发池，面积 20—25 公顷。

对口滩的布局以盐场驳盐河为中心线，沿河两边排列盐滩，形成"非"字形结构。其功能设计按照滩后供水储水、滩中制卤、滩前结晶、滩头堆廪、沿河驳运的理念安排。此后经过对老式八卦滩的长期改造，至 1985 年新式对口滩基本普及。对口滩成为我国现代盐场的通用滩形,并由其构成了集中供水、分单元制盐、集体操作、规模化生产的新格局。

三、滩晒流程

1. 整修盐滩

整修盐滩是海盐生产的首要生产程序。通过修滩,使池底、池埝、池板、口门等达到坚实、平整、不暄软、不渗漏。修滩一般在冬季及春晒前进行。

2. 蒸发制卤

(1)纳潮引水

纳潮是海盐生产的头道工序,在涨潮时利用水位差自然纳入海水至引潮河,通过扬水站将海水纳进送水道,再由送水道将海水送入水库或盐滩蒸发池。

(2)制卤保卤

海水在盐田中经自然蒸发,制成高盐度的卤水,称为制卤。它是一个由后排逐步向前推进的过程。保卤是在降雨前,将滩面卤水分级保存到土塘、洼子和屯卤台等设施中去的过程,以避免卤水被雨水冲淡。20世纪60年代初,江苏省属淮北盐场率先全面实现了结晶工艺塑苫化,之后塑苫结晶工艺逐步在全国海盐产区推广使用。

3. 结晶收盐

结晶池板压实后,放入饱和卤水,等卤水漂花时,将盐种撒入池内,俗称"种盐",以增加晶核,再经过"续卤"(把新卤加入结晶池)、"活格"(每天早晨活一次盐碴)等操作,待卤水浓缩到30波美度左右时将老卤排出,即完成结晶过程。

随着科技的发达,机械化水平越来越高,人类的制盐技术越来越高,一些传统的制盐工具和制盐工艺逐渐淡出人们的视野,但作为一种文化遗产,仍值得我们去了解与传承。

思考与研讨

1. 实践考察或网络登录中国海盐博物馆,了解海盐生产过程。
2. 了解制盐技术的变革过程。

参考文献

1. 于长清,唐仁粤主编.中国盐业史(近代当代编、地方编).人民出版社,1997年。

2. 吴海波,曾凡英主编.中国盐业史学术研究一百年.巴蜀书社,2010年。

3. 刘淼,明代盐业经济研究.汕头大学出版社,1996年。

资料拓展

凡海水自具咸质,海滨地高者名潮墩,下者名草荡,地皆产盐。同一海卤传神,而取法则异。

一法:高堰地,潮波不没者,地可种盐。种户各有区画经界,不相侵越。度诘朝无雨,则今日广布稻麦稿灰及芦茅灰寸许于地上,压实平匀。明晨露气冲腾,则其下盐茅勃发,日中晴霁,灰、盐一并扫起淋煎。

一法:潮波浅被地,不用灰压,候潮一过,明日天晴,半日晒出盐霜,疾趋扫起煎炼。

一法:逼海潮深地,先掘深坑,横架竹木,上铺席苇,又铺沙于苇席上。俟潮灭顶冲过,卤气由沙渗下坑中,撤去沙、苇,以灯烛之,卤气冲灯即灭,取卤水煎炼。总之功在晴霁,若淫雨连旬,则谓之盐荒。又淮场地面,有日晒自然生霜如马牙者,谓之大晒盐。不由煎炼,扫起即食。海水顺风飘来断草,勾取煎炼,名蓬盐。

凡淋煎法,掘坑二个,一浅一深。浅者尺许,以竹木架芦席于上,将扫来盐料(不论有灰无灰,淋法皆同),铺于席上。四围隆起作一堤挡形,中以海水灌淋,渗下浅坑中。深者深七八尺,受浅坑所淋之汁,然后入锅煎炼。

凡煎盐锅古谓之"牢盆",亦有两种制度。其盆周阔数丈,径亦丈许。用铁者以铁打成叶片,铁钉拴合,其底平如盂,其四周高尺二寸,其合缝处一以卤汁结塞,永无隙漏。其下列灶燃薪,多者十二三眼,少者七八眼,共煎此盘。南海有编竹为者,将竹编成阔丈深尺,糊以蜃灰,附于釜背。火燃釜底,滚沸延及成盐。亦名盐盆,然不若铁叶镶成之便也。凡煎卤未即凝结,将皂角椎碎,和粟米糠二味,卤沸之时投入其中搅和,盐即顷刻结成。盖皂角结盐,犹石膏之结腐也。

凡盐淮扬场者,质重而黑,其他质轻而白。以量较之,淮场者一升重十两,则广浙、长芦者只重六七两。凡蓬草盐不可常期,或数年一至,或一月数至。凡盐见水即化,见风即卤,见火愈坚。凡收藏不必用仓廪,盐性畏风不畏湿,地下叠稿三寸,任从卑湿无伤。周遭以土砖泥隙,上盖茅草尺许,百年如故也。

——[明]宋应星《天工开物》

扫码看看

《海盐传奇》第二集

　　http://tv.cctv.com/2016/03/16/VIDERZ37qMCp23XHRaxdq5DK160316.shtml

第三章　海盐政制

历代统治者都会通过加强对盐的控制来获得巨大的经济利益,尤其是战乱、灾害时,盐税收入更是关乎国运,显得尤为重要,成为仅次于田赋的第二大收入来源。因海盐产业在各种盐产中的绝对主导位置,决定了不论是专卖制的创立,还是政府对盐价的调控、税收的实现、缉私的措施以及中央政府设置的管理机构、官员的任用等具体制度的制定,海盐业有着重要的示范和推动作用,影响着盐法体系的形成和发展。

第一节　专卖制的演变

东周之前,国家对盐没有专门的控制,盐只是作为一般的特产而存在。春秋时期,齐国管仲首倡"官山海",是为海盐专营之始。此后,海盐专营制度的废立与变革,很大程度上成为直接关系到国家政权稳固兴盛的重要方略。汉武帝首次在全国范围内实行专卖,实现了富国强兵的愿望。唐安史之乱后,政权岌岌可危,又是从海盐专营入手,实现了唐代"中兴"。自此,盐业专卖制度因各个中央政权的需要而做出相应的调整。

一、"官山海"成就齐国霸业

春秋战国时期,社会生产力得到普遍提高,《管子》载"齐有渠展之盐,燕有辽东之煮";《史记·淮南王安列传》载"东有海盐之饶""国富民众",海盐业发展进入了新的历史阶段。至春秋中期,齐国开"山泽之禁",官府直接介入食盐的产、运、销环节,实行盐专卖,从而形成了早期的官营制度,而创建这一制度的就是管仲。

春秋战国时期,齐国管仲的"官山海"政策,即将山上的铁和海中的盐收归官府管理,最早对海盐创制了民产、官收、官运、官销的官营制度。《管子》载:"北海之众""聚庸而煮盐",北海,即今渤海。唐司马贞《史记索隐》称:

"《广韵》：'俑，役也'。"由此可见，齐国已经可以通过雇佣大量劳动生产力来控制盐的生产。同时，《管子·海王篇》载："因人之山海假之，名有海之国雠盐于吾国，釜十五吾受，而官出之以百。"此乃齐桓公曾问策于管仲，如何依靠山海资源成就霸业，并进而责问，没有山海资源的国家又将如何成就霸业。管仲说："可以依靠别国的山海资源加以借用。让有海的国家，把盐卖给本国，以每釜十五钱的价格买进，而官府专卖的价格为一百。本国虽不参与制盐，但可以接受别人的生产，用加价推算盈利。这就是利用他人条件的理财方法。"管仲以此"为富国之大计"，通过向不产盐的诸侯国出售食盐获取大量利润，齐国很快就成为"国富民众"的东方泱泱大国，齐桓公成为春秋时期第一霸主。

图 3-1　《管子·海王篇》

二、汉武帝"笼天下盐铁"实行食盐专卖

汉武帝初年，对内实行政治经济改革，对外用兵，开拓疆土，西通西域，南开黔滇，北击匈奴，是前汉一代军事政治经济文化极盛时期。但到汉武帝中期，由于常年战争，军费开支浩繁，加上天灾频仍，百姓破产流亡，朝廷财政极为困难。国库空虚，入不敷出，朝廷不得不向豪富借贷。但是，富商大贾虽然冶铁煮盐，积累了大量财富，却不支持朝廷，有的甚至发生叛乱，最为典型的

当属吴王刘濞的"七国之乱"。

刘濞(前215—前154),汉高祖刘邦之侄。高帝十一年(前196)封吴王,建都于广陵(今扬州),辖丹阳、豫章、会稽3郡53国。他利用汉初"弛山泽之禁",纵民煮铸之机遇,依靠封国滨东海之利,乃"招致天下亡命人,盗铸钱,煮海水为盐",逐步将产盐区域扩大到今江苏沿海全境。煮盐、铸钱,得利极厚,以致"无赋于民,而国用富饶"。①景帝三年(前154),刘濞发动"吴楚七国之乱",兵败被杀。

为加强中央集权和解决财政困难,汉武帝改革祖宗旧法,把盐铁经营收归国有,御史大夫张汤秉承汉武帝的旨意,"笼天下盐铁"②,也就是实行盐铁官营,实现盐铁专卖政策。"食盐官营"的具体办法是:官府募民制盐,官收、官运、官销。

表3-1　汉武帝时期海盐区盐官设置

郡　名	县　名	今省、县名
千乘		山东高青县东北
北海	都昌	山东昌邑县
	寿光	山东寿光县
东莱	曲城	山东招远西北
	东牟	山东牟平
	巾弦县	山东黄县西南
	昌阳	山东文登南
	当利	山东掖县西南
琅琊	海曲	山东日照西南
	计斤	山东胶县
	长广	山东莱阳东
广陵	盐渎	江苏盐城
会稽	海盐	浙江海盐县、平湖县

① 《史记》卷106《吴王濞传》,北京:中华书局1959年版,第2823页。
② 王利器:《盐铁论校注》,北京:中华书局1992年版,第179页。

续　表

郡　名	县　名	今省、县名
渔阳	泉州	河北武清东南
辽西	海阳	河北滦县西南
辽东	平郭	辽宁盖平县南
南海	番禺	广东广州市
苍梧	高要	广东肇庆市

　　汉武帝末年在政策上的转变,对于稳定汉王朝的统治是必要的。但是统治集团内部对转变政策的意见并不一致。汉昭帝始元六年(前81)二月,霍光以昭帝的名义下诏,命令丞相田千秋、御史大夫桑弘羊召集各郡国推举的贤良、文士60余人齐集长安,就盐铁官营政策及民间疾苦进行辩论。辩论中贤良文士提出盐铁官营和平准、均输等经济政策的推行,是民间疾苦的根源所在,要求废除盐铁、均输等官。这个意见受到桑弘羊等官员的反对,他们认为官营盐铁等经济措施,扩大了财源,为抗击匈奴、消除边患提供了大量经费;而且这些措施有利于堵塞豪强的兼并之路,有利于农业生产的发展,因此食盐官营应该坚持推行。由此,双方展开了进一步的大辩论,辩论中贤良文士服膺儒学,桑羊弘信奉法家。对民间疾苦的根源、同匈奴的和战政策、治国方针和理论等,各方各自申诉了见解。庭辩内容被桓宽整理为《盐铁论》一书,这是我国历史上第一部有关盐铁问题的结构严谨、体制统一的专著。

图3-2　盐铁论漆画(中国海盐博物馆供图)

三、唐代"中兴"与刘晏就场专卖

(一) 第五琦重开专卖

安史之乱是唐朝由盛到衰的转折点。战乱造成黄河中下游一带"人烟断绝,千里萧条",农业生产遭到严重破坏,经济逐渐衰落,从而引起了经济重心的逐渐南移,强盛的唐王朝开始出现地域经济的严重不平衡。为了戡乱,唐政府增设了许多节度使坐镇各地,以拱卫中央政府。但实际上,这些节度使非但没有很好地维护地方治安,反而同地方豪强地主相互勾结,割据一方,发展成为既占有其土地,又控制其人民,拥有兵甲和财富的藩镇割据势力。内外交困的局面,使得唐王朝出现了"丁口转死""田亩移换""天下残瘁"的局面,国家财政陷入严重困境。在这种"王赋所入无几"的国家经济状况下,为了缓解朝廷财政入不敷出的困难,第五琦上奏:"方今之急在兵,兵之强弱在赋,赋之所出,江淮居多。"①唐宪宗也认为:"天宝以后,戎事方殷,两河宿兵,户赋不加,军国费用,取资江淮。"唐政府不得不严厉推行榷盐制。

第五琦(729—799),字禹珪,唐京兆长安人。乾元元年(758)三月,第五琦被任命为盐铁使,正式颁布"榷盐法",开始改革盐政,实行民制、官收、官运、官卖的食盐专卖制度,重启隋到唐初弛禁的盐业专卖政策。盐法规定"就山海井灶近利之地,置监、院,游民业盐者为亭户,免杂徭。隶盐铁使,盗煮私市,罪有差"②。唐政府为这部分"业盐者"单设"盐籍",凡取得盐籍之人户,即不属州县,而归于各盐场、监、院,由盐铁机构掌管。食盐官营推向全国,初步建立起了以监院为基础的专卖体制,唐代的食盐专卖制由此初具规模。

(二) 刘晏与"就场专卖"

唐肃宗宝应元年(762),刘晏被任命为"度支转运盐铁从事使",负责管理国家铸钱、盐铁、转运、常平等项工作。他对食盐专卖进行了改革,创行就场征税的专卖制度,创建缉私机构十三巡院,完善十监四场等专卖组织,建立产销、管理为一体的系列化组织,为朝廷带来了丰厚的收入。这一制度随后由海盐区推行到全国,其影响波及整个中国古代盐业经济制度史。

---

① 司马光编著:《资治通鉴》卷218"肃宗至德元年"条,北京:中华书局1956年版,第6992页。
② 欧阳修、宋祁:《新唐书》卷54《食货志》,北京:中华书局1975年版,第1378页。

　　刘晏(718—780)，字士安，曹州南华人，唐代理财家，善于利用商品经济增加财政收入，实施了一系列的财政改革措施，为安史之乱后的唐朝经济发展做出了重要的贡献。刘晏一生经历了唐玄宗、肃宗、代宗、德宗四朝，长期担任财务要职，管理财政达几十年，效率高，成绩大，被誉为"广军国之用，未尝有搜求苛敛于民"的著名理财家。建中元年(780)为谗言所害。后追赠郑州刺史，加赠司徒。

图3-3　刘晏雕像

　　据《新唐书》记载，自刘晏改革盐法，设立十三巡院十监四场开始，朝廷盐利从四十万缗一跃增至六百万缗，盐利收入达天下税赋的一半。

表3-2　十监四场十三巡院一览表

序号	巡院名	所在道	如今位置	监	治所	纳榷场	如今位置
1	兖郓	河南	山东兖州	嘉兴	苏州	涟水	江苏淮安
2	陈许	河南	河南许昌	新亭	台州	越州	浙江绍兴
3	汴州	河南	河南开封	临平	杭州	湖州	浙江湖州
4	宋州	河南	河南商丘	兰亭	越州	杭州	浙江杭州
5	淮西	河南	安徽淮南	永嘉	温州		
6	甬桥	河南	安徽宿州	海陵	泰州		
7	泗州	河南	江苏盱眙	盐城	盐城		
8	郑滑	河南	河南滑县	富都	舟山		
9	浙西	江南	浙江杭州	大昌	重庆巫溪		
10	岭南	岭南	广东广州	侯官	福州		
11	庐寿	淮南	安徽合肥				
12	扬州	淮南	江苏扬州				
13	白沙	淮南	江苏仪征				

四、宋元盐法繁复和"引"制完备

（一）官卖法与熙丰盐法

　　宋代盐法制度多变。盐法多种制度并行，在宋初官卖法盛行，北宋神宗熙丰年间,为加强官购、官运和官卖,推行一系列完备的法律体系,史称"熙丰盐法"。"熙丰盐法"对盐的生产、盐民的管理、官员的评比以及年终的分红都有详细的规定,从一个侧面反映出宋代管理制度的发达。

生产管理方面的制度有:火伏法、簿历制、计丁输盐法、亭户灶甲法。

销售方式方面的制度有:官卖法、酒户承销。

反映治盐绩效的制度有:宪臣治盐法、官吏盐课评比殿最法、元丰盐息分红赏格。

峻刑缉私的制度有:重禁私刮煎盐、私凿盐井、私运贩盐。[①]

(二)通商制与盐钞法

1. 折中法

北宋政府最初是出于解决边关驻军军备物资(刍粮)供应的诸多困难,招募商人纳刍粮于"沿边州军",商人再至中央政府领取现钱或茶盐等专卖物资("折博"),时称"入中"。"折博"和"入中"合称为"折中"。

2. 盐钞法

北宋政府规定盐商凭钞运销食盐的制度,此制由范祥于庆历年间始行,后逐步推广至其他盐区。即政府发行盐钞,令商人付现,按钱领券。发券多少,视盐场产量而定。券中载明盐量及价格,商人持券至产地交验,领盐运销。

(三)"引"制的实施与完善

"引"制实施于宋代,完善于元代。宋政和三年(1113),蔡京推行"引法",其主要特征是食盐不由官府直接出售给消费者,而是先批发给持有盐引的商客,再由商客辗转销售。

元灭宋以后采用宋代盐法制度,沿用并完备引法。全国盐务政令悉归户部,在主要产盐区置都转运盐使司,并置"批验所"批验盐引。盐场则设官负责监制、收买和支发食盐。盐司按销盐状况确定引额,由户部按额印造,颁发各区盐司收管,其立法比宋更为严苛。故"引法"起源于宋,完备于元。"引法"在中国盐业史上产生了重大影响,为宋之后各代所沿用。

元末盐民起义说明元代盐法严苛,导致引价日增,官盐既贵,私盐愈多。加之军人违禁贩运,权贵托名买引,加价转售,而使官盐积滞不销。官府扩大

---

① 郭正忠:《宋代盐业经济史》,北京:人民出版社1990年版,第763—779页。

官卖食盐区域,强配民食,不分贫富,一律散引收课,农民卖终岁之粮,不足偿一引之值。元惠宗至正年间虽罢食盐抑配,然民困已深,祸机已伏,盐贩张士诚、方国珍与其他农民起义军揭竿而起,加速了元朝灭亡,故史家谓元朝亡于盐政之乱,其中影响最大的是"十八条扁担起义"。

　　元至正十三年(1353)五月,淮南白驹盐场盐民张士诚与其弟士义、士德、士信及李伯升等十八位壮士首义起事,史称"十八条扁担起义"。淮南各场盐民群起响应,纷纷加入义军,公推张士诚为首领。起义军奋勇作战,屡败官军,势力迅速壮大至万余人,相继攻占泰州、兴化、高邮等地。次年正月,张士诚于高邮称王,建国号"大周",以"天佑"为年号。后定都平江,于至正二十二年(1362)改称吴王,割据江、浙、鲁、皖四省广大地区。称王后张士诚在其割据之地免征淮南灶户税赋,开垦荒地,兴修水利,发展农业,繁荣经济,受到民众拥戴。至正二十七年(1367),朱元璋攻陷平江城,张士诚被俘,押解金陵(今南京),自缢而死,时年47岁,葬于苏州吴县斜塘。

图3-4　张士城盟誓兴兵之所草堰镇北极殿(李荣庆　摄)

五、明代"开中"筹备边储

(一)开中法

　　明朝"开中法"即由北宋"折中法"演变而来,主要是为了军事目的而实施的招商代销制度。明初,为防御北边蒙古、女真等部族,自西至东设置"九边",财政支出尤以此项军事费用所占比重特大。在朱元璋设计的自给性质军屯制度失效后,明政府"召商入粟中盐",以支持"九边"繁重的军需。商人入"米"(含米、麦、粟、豆,也有时兼折布、铁、茶、马,甚至折银钱)于沿边,凭其发给的"仓钞"亲自至运盐司领取"盐引",然后下场支盐运销,其法与宋"钞盐制"同中有异,基本精神仍一脉相承。

(二)袁世振推行"纲法"

明万历四十五年(1617),为疏销积引,袁世振推行"纲法"。将盐商历年未行积引分为十纲(十纲:"圣、德、超、千、古、皇、风、扇、九、围"为册号),每年以一纲行旧引,余纲行新引。并规定:凡纲册上有名之盐商,可子孙继承,无名者不得行盐。纲法又称官督商销制,即招商包销,官府把收盐、运销权一概交给盐商,实行民制、商收、商运、商销,史称商专卖制,此纲法一直沿用到清代。

六、清代"商专卖"的鼎盛与衰落

(一)"专商引岸"制

清代承袭变通了明末纲法,即在官督商销为主流的体系下,实行招商认引,按引领盐,划界行销,承包税课,从而进一步固化了专商引岸制。规定盐商纳税后,领得引票,取得贩运盐的专利权。税收管理机构将运商的姓名、所销引数和销区,在纲册上注册登记。

(二)陶澍"废引改票"

清代末年,由于课重、腐败等原因,食盐运销困难,引销不畅,课额积欠,盐商困乏倒闭,改革势在必行。道光十年(1830),朝廷命两江总督陶澍管理两淮盐务,实施废引改票,一时取得显著成效。后因战乱,淮盐运途受阻,废引改票也随之完结。

淮北票盐改革的具体办法:

其一,取消总商,销盐不再由总商把持。

其二,裁汰浮费,降低淮盐成本。

其三,减少手续,加速流通。

其四,加强缉私。

陶澍废除纲法,将政府利益置身于市场化调节机制中,即政府税收只能随销售量的增长而增长,当然也存在下降的可能性。但由于它打破了官商的垄断,产运销各环节又控制得比较好,所以,实际的盐销量确有增长,税收有大幅度的提升,而民众也从这种市场竞争格局中得到好处,简言之,陶澍是通过市场竞争方式,由散商取代总商,票引取代窝引;减轻浮费与手续,降低成本;加强缉私,打击税收外溢,重新平衡了政府、商人与民众的利益。随着票盐改革的成功,清廷得以在淮北地区大量溢销盐引,并从中获得巨额利益。

当然,陶澍改革也有不少缺憾。首先,盐政改革未能触动僵化的盐区划分;其次,淮北改革的成功未能在淮南推行;最后,票贩行盐未能完全市场化,无论是纳税、领票、付价、买盐、运盐、卖盐等环节,都保留了许多烦琐的手续。行盐的路线虽然较前简便,但必须遵循指定的路线,更不能脱离盐区范围。[①]

(三)川盐济楚

川盐济楚是清王朝为适应军事需要而实行的食盐专卖的暂时性方式。

清王朝对食盐实行专卖,政府掌握产运销诸环节,在运销一环,沿袭明代的专商引岸制。所谓专商引岸制,就是"签商认引,划界运销,按引征课",食盐分区销售,各地所产食盐,皆划一定地区为其引地。盐销区一经划定,产区与销区之间便形成固定关系,被签选且已认引的盐商只能在规定的盐场买盐,在规定的引地内销盐,一旦越界,即为违法私盐。淮南是清代最大的盐场,盐销区亦广,含江苏、安徽、江西、湖北、湖南、河南等省的全部或大部分。

清盐法规定,川盐行于楚地仅为 8 州县,并不大量销往湖广,在清王朝"二百余年之宪典"中,楚地向为两淮引地。但是,川楚地连,更有长江相通,从四川至湖广顺流而下,交通极为便捷,因此,常有私贩将川盐运至湖广销售。该市场在清王朝的官盐制度,特别是其缉私制度之下,未能全部实现。一旦这种缉私制度被放弃,这个庞大的潜在市场就有可能变为现实的市场。[②] 咸丰元年(1851),太平天国革命爆发,不久,淮南盐运销湖广的长江水道被太平军控制,湖南、湖北两省食盐供应短缺,盐课收入锐减。为解决此问题,经过湖广总督的力争,最后同意以"川盐、潞盐接济"。太平天国起义被镇压后,历任两江总督都试图"禁川复淮",恢复两淮在两湖的市场,最终没有取得成功。"川盐济楚",客观上促进了井盐的繁荣。

七、近代海盐权益之争

(一)《马关条约》的签订

1895 年 4 月,清政府被迫与日本签订丧权辱国的《马关条约》,割让辽东、

---

① 倪玉平:《博弈与均衡:清代两淮盐政改革》,福州:福建人民出版社 2006 年版,第 54 - 77 页。
② 黄国信:《从"川盐济楚"到"淮川分界"》,《中山大学学报》2001 年第 2 期。

台湾、澎湖列岛，赔款白银两亿两，开放沙市、重庆和苏杭，其内容之苛刻，前所未有。面对如此巨额的赔款，清政府财政无力承担，从1895年起只得以盐税收入作为担保，举借外债。

(二)"善后大借款"

1912年3月，袁世凯以处理清政府债务善后事宜之名义，策划将清政府在宣统三年与美国资本团、英国汇丰银行、德国德华银行、法国东方汇理银行签订借款1 000万镑的合同改为民国北洋政府的"善后大借款"。善后借款谈判过程中，银行团提出决定成立盐务稽核造报所，设立中国总办一人，洋会办一人，主要职能在于对盐务收支进行稽核及保存盐款。第一任洋会办由英国人丁恩担任，掌握实权，中国盐务收入沦为债务抵押品落入帝国主义手中。

(三)《新盐法》的颁布

南京国民政府成立后，为了财政需要，着手"改善税制"。1929年恢复了北伐时期终止的食盐稽核制度，建立场警组织，以防止盐税的走漏。1931年3月，国民政府为整理盐务、减轻盐税、剔除积弊，由立法院制定"新盐法"，经国民议会代表议决后，于同年5月公布，凡七章三十九条。主要内容为：制盐须经政府许可；盐场由政府根据全国产销状况限额生产，即实行量销限产；实行就场征税，废除专商引岸制，任人自由买卖，无论何人不得垄断；从量征税，税率为食用盐每百千克征五元，不得另征附加，渔盐每百千克征三角，工农业用盐免税等。

(四)帝国主义对海盐资源的掠夺与人民的反抗

1937年7月7日，日本帝国主义发动了全面侵略中国的大规模战争，长芦、山东、两淮等重点产盐区全部被敌侵占，两浙和两广部分地区沦陷，致使海盐产量骤减，中国人民奋起反抗日本的侵略，发动了一系列夺回盐利的斗争。发生在两淮盐区的陈家港战斗就是其中一个重要战役。

陈家港是陇海铁路终点南侧和灌河入海口的重镇。1939年陈家港沦陷后，城中除日军驻守外，还驻有伪军800余人。新四军为了打破日寇的封锁，阻止日军掠夺淮盐，为抗日战争筹集资金，命令三师攻打陈家港，整个战斗由新四军三师副师长兼第八旅旅长张爱萍将军统一指挥。1943年4月，新四军第三师攻克淮北重镇陈家港，夺回淮盐48万担。是役，新四军俘虏伪军大队长以下425人，缴获迫击炮1门、轻机枪4挺、长短枪416支、弹药3 700余发、无线电台两架、伪币100万元、食盐40万吨及其他军用物资一批。新四军牺牲 1 人,受伤 12 人。

为了纪念陈家港的解放,张爱萍将军于 1943 年 7 月 10 日写了一首《南乡子·解放陈家港》:"乌云掩疏星,狂涛怒涌鬼神惊。滨海林立敌碉堡,阴森。渴望亲人新四军。远程疾行军,瓮中捉得鬼子兵。红旗风展陈家港,威凛。食盐千堆分人民。"

（五）战争年代的"华中金库"

抗日战争时期,淮北盐区的青口、板浦、中正和济南四大盐场,从 1939 年起,一直被日伪侵占,因此,苏北抗日根据地的盐务工作主要是在盐阜区展开。苏北根据地民主政权建立了统一的盐务机构,新建"新滩盐场",制定积极的政策,促进盐业的产销。根据地的盐业政策调动了盐民生产的积极性,保证了物资供应,改善了盐民生活。苏北两淮盐场被称为"华中金库"。

（六）"华中银行"纸币

盐业的巨额税收,成为根据地的主要财源,苏北根据地据此财力为后盾,发行"盐阜币",为根据地建立和巩固奠定了雄厚的经济基础,彻底粉碎了敌伪顽的经济封锁,对最终取得抗日战争和解放战争的胜利具有深远的意义。

八、新中国盐法

新中国成立后,建立起人民的盐务管理机构,没收官僚资本经营的盐业产销企业,尽快恢复了生产。其后,逐步进行改革,成为全民所有制的国有企业。

1950 年 3 月 3 日,政务院第 22 次政务会议通过任命张道吾为财政部盐务总局局长。同年,盐务总局在北京正式成立。

表 3-3　新中国盐法管理制度变化一览表

时　间	文　件	主要内容
1978 年	《原盐的分配调拨办法》	将盐纳入统一分配调拨的计划,进一步加强了指令性计划管理
1990 年 3 月	《盐业管理条例》	明确了食盐、国家储备盐和两碱工业盐由国家分配统一调拨
1994 年	《国务院关于进一步依法加强盐业管理问题的批复》	批准对食盐实行专营
1995 年	《关于改进工业盐供销和价格管理办法的通知》	批准对两碱工业盐供销价格体制进行改革

续 表

时 间	文 件	主要内容
1996 年	《食盐专营办法》	完善了专营体制,进一步明确国家对食盐实行专营
2000 年		正式宣布全国的两碱工业盐放开,实行市场化经营
2016 年	《国务院关于印发盐业体制改革方案的通知》	对食盐供销价格体制进行改革,取消了食盐产销区限制,全面放开食盐价格,建立食盐市场经营

表 3 - 4　历代盐税管理制度变革表

时　代		盐　制	
夏之前		无税制	
夏、商、西周		征税制	其时有"贡"无税,"贡"即税
东周	春秋		部分专卖,包括官制官销或民制官销(时齐国相管仲创行专卖之制)
	战国		
汉			汉武帝元狩四年起全部专卖,产输销皆由官营。唯王莽时期一度有部分专卖
三国两晋南北朝			
隋	隋文帝三年前		
	隋文帝三年后	无　税　制	
唐	唐开元九年前		
	唐宝应年间	征税制	刘晏创始就场专卖法
五代十国			一度施行官商并卖
北宋			承前施行就场专卖法(宋仁宗范祥师刘晏,并创"盐钞法",宋崇宁时,蔡京改行"换钞法")
南宋、辽、金			
元			
明			明初承前制。明万历四十五年后施行商专卖
清			

第二节　盐务管理机构

国家为加强对海盐的产运销实行管理,除了实行专卖体制外,从中央到地方,还建立了完备的生产管理机构,指派专事盐业生产管理的官员,对盐场生产者、生产资料进行严格的管控,并对官员的业绩进行严格的考核。为保证盐课,还制定了严格的缉私制度。

一、基层管理机构——盐场

盐场是管理盐业生产的基层机构,其主要职责是管理、督促盐户,完成生产定额。盐场是海盐主要产出之地,一般分为催煎场和买纳场。宏观来看,海盐产区虽无多大变化,但盐场却时有合并更张,如两淮盐区,元代设场29个,明代增为30场,清初因之,到乾隆三十三年(1768),仅存剩23场。明代全国盐场开设情况可参考表3-5。

表3-5　明代时海盐产地一览表

盐运司/提举司	分　司	盐　场
两淮都转运盐使司	泰州分司	富安场 栟茶场 安丰场 角斜场 梁垛场 东台场 何垛场 小海场 草堰场 丁溪场
	淮安分司	白驹场 刘庄场 庙湾场 板浦场 伍佑场 徐渎场 莞渎场 林洪场 新兴场
	通州分司	吕四场 余东场 余中场 余西场 金沙场 西亭场 石港场 马塘场 掘港场 丰利场 天赐场
两浙都转运盐使司	两浙盐运使所属场	许村场 仁和场
	嘉兴分司	西路场 鲍郎场 芦沥场 海砂场 横浦场
	松江分司	下砂场 青村场 袁浦场 浦东场 天赐场 青浦场
	宁绍分司	西兴场 钱清场 三江场 曹娥场 龙头场 石堰场 鸣鹤场 清泉场 长山场 穿山场 玉泉场 大嵩场 昌国正场
	温台分司	永嘉场 双穗场 长林场 黄岩场 杜渎场 长亭场 天富南监场 天富北监场
福建都转运盐使司		上里场 浯州场 海口场 牛田场 惠安场 涌州场 浔美场

盐运司/提举司	分　司	盐　场
山东都转运盐使司	胶莱分司	信阳场 涛洛场 石河场 行村场 登宁场 西由场 海沧场
	滨乐分司	王家岗场 官台场 固堤场 高家港 新镇场 宁海场 丰国场 永阜场 利国场 丰民场 富国场 永利场
河间长芦都转运盐使司	沧州分司	海润场 阜民场 利国场 洛丰场 利民场 益民场 海阜场 阜财场 富民场 润国场 深州海盈场
	青州分司	越支场 严镇场 惠民场 兴国场 富国场 芦台场 丰财场 厚财场 三叉沽场 石碑场 归化场 济民场
广东盐课提举司		小江场 石桥场 东莞场 招收场 靖康场 矬峒场 隆井场 淡水场 双恩场 咸水场 归德场 黄田场 海晏场 香山场
辽海煎盐提举司(明)		盐区属于边防卫所实行军管煎盐,有军煎场12处,军盐供军使用,不归户部,辽海煎盐提举司属辽东指挥使管辖
皇室、户部(清)		内务府三盐庄(归皇室)、户部三盐庄
奉天都转运盐使司(清)		营盖场 复县场 庄凤场 庄河场 兴绥场 北镇场 盘山场

　　盐场一般所辖一百多户,每场下面,又分立团、灶。每场都有一定的生产区域,管辖若干家盐户。盐业生产需要共同使用一些大型工具,如铁盘,立团就显得非常重要;但更重要的却是为了防止盐户与外界交通,私下买盐。团是设防的居住点、生产点,因而有固定的名称。元朝末年淮东监察部门的文书中说,有人于"五祐场广盈团蒋六三处买到私盐一百余斤"。五祐场是两淮盐司下属的盐场之一,广盈团是五祐场下属的一个团。团实际上是盐户的聚居点。每团有二灶或三灶,每灶由若干户盐户组成。同一灶的盐户,显然是共同使用官灶官盘的。每座盐场、每团都有生产定额,各盐场的产量是大不一样的。

二、历代盐务管理机构

盐务根本在场产,枢纽在转运,归墟在岸销。为了汲取盐课,历代均设置机构对盐业进行管理。以两淮盐区为例,西汉设均输盐铁官于广陵,东汉及三国时期于广陵设有盐官、司盐监管理淮盐生产。唐代开元年间于扬州设置转运院。宝应以后,逐步在转运院之下设置分支机构及职官,设海陵监于泰州、盐城监于楚州。到北宋初年,又将海陵监所辖盐场分设通州利丰监,在各监下辖盐场则设置监场及提干等职官,强化盐政管理。元代于扬州(后移至泰州)设置两淮都转运使司总理两淮盐务,此制为后世承袭。明清时期于扬州设置两淮都转运使司,下设吏户礼兵刑工等诸房办理具体盐务,以运使总之。运司又有派出机构,为泰州、通州、淮安(乾隆改为海州)三分司,设有运同、运副、运判等官,各分司下辖诸场则设有盐课司,以大使总之,负责盐业生产、盐税征收、稽煎缉私、治安管理等事务。在运司之上,则设有两淮巡盐御史一职,综理督查盐务,为中央委派专员,定例一年一换,乾隆年间改称两淮盐政。此外,又有大量的稽查、巡缉机构及兵役,遍布于食盐运输通道及可能的走私线路上,防止私盐透漏,确保正常的盐业运销秩序。这些盐政管理机构的设置超越了地方行政区划,是在府州县行政体制之外的独立运作体系。历代盐务管理机构见表3-6。

表3-6　历代盐务管理机构表

时代	管辖			
	中央		地方	
	职官/隶属	职责	职官/隶属	职责
夏商周、秦				
汉	大农令/大司农	掌管天下盐事、铁事	令长	产盐地广处设
			丞	地狭处设
			均输官	兼理销售
			监盐官	监卖盐
魏晋南北朝	度支尚书	较盐运、制调课	司盐都尉、校尉、监丞	领地方盐务

续　表

时代		管辖			
		中央		地方	
		职官/隶属	职责	职官/隶属	职责
隋	开皇二年			总监、副监、监丞	各产地设副监及丞，总监统领
	开皇三年	无税制			
唐	开元九年				
	开元十年	尚书省金部	综核税收	管理分隶地方州县，不另设官	
	宝应元年	盐铁使/度支使	或分管或兼管，皆由中央特派	监、场　买纳官	出纳诸场盐课
				催煎官	分掌诸场煎发
				运盐官	月运袋盐，输于仓内
				巡院(知院官/留后)	专设于销地，为专门的缉私机关
宋	宋初	三司盐铁司使	居中总领盐务政令	发运使	运盐、转输、监察
				诸道转运使(转运使、副使、判官)	乾德后设。视事务繁简设其一，如两省以上则设为都转运使
		户部金部左曹课利案	掌管全国茶盐税入盈亏	提举茶盐司(提举)	为改行钞盐(即引法)而专设，盐务不再属转运使
	元丰间	太府寺	置交引课、出纳引盐钞	监、场、务　买纳	承唐制
				催煎	
				运盐	
				监仓	
				批引掣验	改钞行引专设

时代	管辖			
	中央		地方	
	职官/隶属	职责	职官/隶属	职责
元	户部中书省	盐务政令	都转运盐使司	设于重要产区
			茶盐转运司	非重要产区
			盐课提举司	非重要产区
	御史台/行御史台	兼管监察盐务	批验所（提领/大师/副使）	批引掣验
			盐场（司令/司丞/管勾）	督制收买,办理盐课
明	户部山东司	颁给盐引稽核奏销	自巡盐以下,地方官制悉沿元代旧制	
	巡盐御史	巡视私盐督催课款		
清	清中前期 户部	审查奏销办理考成	都转盐运使司	运同/运副/运判
	巡盐御史	朝廷专派盐差		监制同知
				库大使
	巡盐御史	朝廷专派盐差		批验大使
				经历知事
	光绪三十二年 度支部	盐法、稽核、奏销等		盐课大使
	宣统元年 督办盐政处/盐政院	管理全国盐政,统辖全国盐官		盐道
				督销局

三、盐官的职掌与考核

盐官是国家设置的行政官员,唐宋至清,盐政机构从中央到地方均实行垂直管理,国家对盐官的选拔、任用、考核、升降及赏罚有一套完整的管理制度。

（一）盐官的职掌与官员品级

在海盐的产运销各个环节，行政官吏起着重要作用。以清代为例：在中央，户部是国家财政经济中枢。清代户部运作的特点，是分司治事，按省区之名分成 14 个清吏司，分别掌管和监管某一省区、某一门类的财政事务。盐政事务由山东清吏司监管，执掌盐法而分其任于各省盐政，自运司、盐道以下皆受其制。山东清吏司作为户部的属司，主要是管理日常事务，并没有行政决策之权。许多重要的盐业政策都是由户部长官直接议定，并通过盐业政策的制定与变更来控制食盐的产运销全过程。

地方盐务，归地方盐政衙门管理。管理地方盐务的最高长官为巡盐御史，依次为盐运史、盐道、运同、运副、运判等。

1. 巡盐御史

或称盐课监察御史、盐政监察，雍正后一般简称"盐政"，是户部差遣到各盐区的最高盐务专官，官级各有差异，统辖一区盐务，任期一年。清初最早差遣巡盐御史的是长芦、两淮、两浙、河东等盐区，各盐区也并非全都设巡盐御史，有的归总督或巡抚兼管。

2. 盐运使

全称为"都转运盐使司运使"，有时也称作"运司运使"，或简称为"运使"。盐运使为一区运司的长官，从三品，其职权仅次于巡盐御史，具体掌管食盐的运销、征课、钱粮的支兑拨解，以及盐属各官的升迁降调、各地的私盐案件、缉私考核等。盐运使一职，职权较重，事务繁杂，各运司一般下设吏、户、礼、兵、刑、工各房办事。两淮运司设置了 19 房承办公事。所谓"书吏之冗，莫过于两淮运司衙门；公事之杂，亦莫过于两淮运司衙门"，这正是两淮盐政衙门的真实写照。

3. 盐法道

简称盐道，正四品。在不设盐运使的省区一般设置盐法道。其职掌与盐运使的职掌大致相同，但同时更注重于食盐的疏销。咸丰以后，由于普遍裁撤盐政，盐务归督抚管辖，各省已多设督销、官运筹局，盐法道名存实亡。

4. 运同

即盐运司同知，从四品。还有运副（即盐运司副使，从五品）、运判（即盐运司运判,从六品)等官,为盐运使的重要属官或各盐区盐运分司的长官。

5. 盐引批验所大使

或称盐运司批验所大使,正八品,专掌盐引批验、支买盐斤、秤掣盐斤等事宜。各盐区各按事务繁简或设批验所大使一人,或设数人。盐引批验所大使虽然品级不高,但职责繁重。

6. 盐课司大使

或称场大使、盐课大使,正八品。

7. 盐场大使

或称盐课司大使、盐课大使、盐大使、盐务大使,因为掌管食盐的生产与场灶缉私等,不但是清代盐政管理系统中最基层的层级,也是一个十分重要的官职。盐场大使为各盐场的长官,在海盐产区一般是一个盐场设置盐场大使一人,但也不尽然,表现出复杂性和多样性。

有些盐场由于地方辽阔,场灶繁多,有分场、分栅的设置,由盐场大使"委员经管"。有些盐场有分沽的设置,如长芦盐区的丰财场有葛沽、邓善沽、东沽、新河沽、塘儿沽五沽,在灶户中遴选"灶首"管理。这些分场、分栅、分沽以及委员、灶首的设置,意味着盐场大使之下还有基础的管理层级。

各盐场之大使亦有治所,即官署,兹以山东为例简列如下:

永利场大使署,在沾化县城东三十五里。

富国场大使署,在沾化县城东六十里。

永阜场大使署,在利津县城东北五十五里。

王冈场大使署,在乐安县城东北一百里。

官台场大使署,在寿光县城东北五十里。

西繇场大使署,在掖县城北五十里。

登宁场大使署,在福山县城北五里。

石河场大使署,在胶州城东南二里。

信阳场大使署,在诸城县东南一百二十里。

涛洛场大使署,在日照县城南四十里。

各盐场大使的官署,在有些场区具有相当的规模,如两淮盐区的石港大使署:"照墙内东西神祠,中为大门,门内东西向科房四,大堂二,堂各三楹。西出为花厅,又西财神祠。花厅对照前出为签押房,房西为住宅,宅共三进。旁为厨,有园有井,汲烹便焉。"

在盐场大使的官署内,有"仪门""大堂""科房""差舍"的设置,这些设置,既有"衙门"的象征意义,又是其管理职能健全的标志。盐场大使又有许多员役,如书识、轿夫、哨丁、门子、跟役、团长、哨捕、巡丁种种名目,每场多达数十名、百余名不等,超出人们的想象。

不同等级的盐官选拔、品级和俸禄也不一样。详见表3-7。

表3-7 盐官的选任与待遇

职级	职官名称	出身	品级	选用方式	俸禄待遇
高级职官	唐盐铁使			大臣举荐,皇帝任免	
	明清巡盐御史(盐政)	进士	未定级	在内廷监察御史中简选	除原官俸禄外,享养廉银6 000两
	唐巡院官		相当于州牧	由盐铁使奏辟	
	宋明清盐运使(转运司)	进士	相当于知州(从三品)	由吏部在俸满知府中请旨特简	俸薪银130两,心红银40两,养廉银6 000两
中低级职官	运判官	贡生、监生	从六品	由吏部决定后奏请批准	俸薪银60两,心红银20两,养廉银2 700两
	宋盐场监当官			由吏部铨选	
	明盐课大使		未入流	从吏员出身的差役中选派	月支俸3石,副使月支俸2石5斗
	清盐课大使	顺治、康熙年间多从吏员出身的差役中选派	未入流		年支俸银31.52两
		雍正六年改品入流后以举人、贡生、监生出身者居多	正八品		
		乾隆三年场官专以举人、贡生拣用	正八品		年俸银40两,养廉银400—500两

清朝盐政机构及其职掌与官员品级如图3-5。

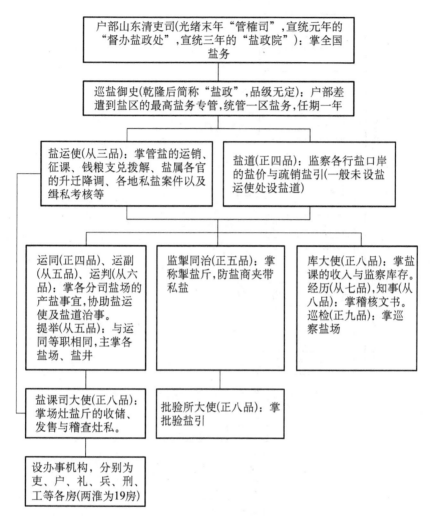

户部山东清吏司(光绪末年"管榷司",宣统元年的"督办盐政处",宣统三年的"盐政院"):掌全国盐务

巡盐御史(乾隆后简称"盐政",品级无定):户部差遣到盐区的最高盐务专管,统管一区盐务,任期一年

盐运使(从三品):掌管盐的运销、征课、钱粮支兑拨解、盐属各官的升迁降调、各地私盐案件以及缉私考核等

盐道(正四品):监察各行盐口岸的盐价与疏销盐引(一般未设盐运使处设盐道)

运同(正四品)、运副(从五品)、运判(从六品):掌各分司盐场的产盐事宜,协助盐运使及盐道治事。
提举(从五品):与运同等职相同,主掌各盐场、盐井

监掣同治(正五品):掌称掣盐斤,防盐商夹带私盐

库大使(正八品):掌盐课的收入与监察库存。经历(从七品),知事(从八品):掌稽核文书。巡检(正九品):掌巡察盐场

盐课司大使(正八品):掌场灶盐斤的收储、发售与稽查灶私。

批验所大使(正八品):掌批验盐引

设办事机构,分别为吏、户、礼、兵、刑、工等各房(两淮为19房)

图3-5 清代盐政机构及其职掌与官员品级

(二)盐官考核与奖惩

考成,考核官吏的一种制度。通过年终考成,政绩优异的得到升迁或记录的奖励;政绩不好的受到降级或记过的处分。清代的盐法考成,包括四个方面:收盐考成、征课考成、销引考成、缉私考成。清代盐官考核与奖惩如图3-6和图3-7所示。

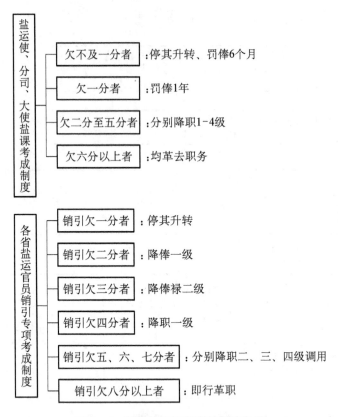

图 3-6 清代盐官政绩考核惩治条款

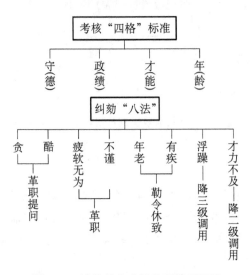

图 3-7 清代盐官考核奖惩情况图示

四、盐民管理

海水制盐自古以来是一个特殊行业，一方面灶民从事海盐生产，用自己的智慧和汗水创造了人类历史辉煌的一页；另一方面居于荒滩，煎于烟火，灾害侵扰，朝不保夕，生产条件极其艰苦，甚至生命都随时受到威胁，终岁饱受煎盐之苦却过着极其艰难的生活。历代政府为保证盐课，都对盐民制定了严苛的制度。

（一）灶籍制度

灶籍制度，简称盐籍制度，即国家为保证盐业生产，规定由特定之户制盐的一种户役管理制度。这种制度始于唐肃宗之时，发展于宋元，完善于明朝初年，解体于明万历以后，崩溃于清乾隆年间。

古代海水制盐并非专业，制盐者以雇工为主，也没有专称。雇工产盐始于春秋，农民在农忙时种田，农闲时煮盐，并受到官府的限制。秦代制盐听民自由，沿海农民兼制盐者渐增。西汉时盐的产制由官府招募游民及被流放的犯人承担。其时制盐始成规模，并由官府雇工、提供器具、发给费用。至此，制盐方始为一种产业，从事煮盐方成为一种职业。但东汉至唐初仍以盐、农兼作者居多。到唐代中叶，官府为垄断食盐生产，依法将沿海煮盐者编入专门户籍，称亭户（灶户），并为以后历代所承袭。灶籍制度的实施，使制盐成为一个专门职业，入灶籍者，可免杂役，专事产盐。灶户（盐民）一般有以下几种来源：

1. 官府招募

即官府通过招募形式，组织劳动力到沿海煮盐。汉武帝元狩四年（前119），为笼盐利以佐国家之需，制定了募民煎盐制度。官府招募游民与逃亡者到沿海煮盐。这些招募来的煮盐者，主要是生活在社会底层的无产者，他们既无资产、又无技能，只能靠出卖劳力以求谋生。诸如社会上的无业游民、没有生活出路的逃亡者以及盐场周边的农民等，他们就成了政府招募的主要对象。

2. 组织移民

官府通过行政手段，强行组织移民，以满足盐场劳动力需求。南北朝时，北方战乱，从山东兖州迁移一部分居民至淮南沿海以渔盐为生。明洪武三年

(1370)，太祖朱元璋实行移民屯垦政策。从苏州、嘉兴、松江等地移民 4 万多人，到两淮盐区从事煎盐劳役，史称"洪武赶散"等。

3. 充军发配

官府通过法律手段，将罪犯发配或遣送到盐场服劳役。北宋初年，朝廷将被判死刑而获赦免的犯人，发配到沿海强制煮盐。元代时，朝廷也将罪犯遗发盐场从事煎盐劳役。明洪武十四年（1381），刑部定煎盐徒罪条例规定：将福建、广西的罪犯发配到两淮盐区从事制盐劳役。明正统二年（1437），对犯死罪及流放罪的灶丁，允许其煎盐赎罪。明嘉靖八年（1529），两淮巡盐御史朱廷立奏请将通、泰、淮三分司充军人犯作为盐户顶额制盐。

历代王朝对灶户都有严格的规定。唐肃宗第五琦变法，规定以旧有业盐者与游民为亭户，不仅免除两税，还免除杂徭。从此制盐成为亭户的专业，非其类而制盐，即以私盐论之，"故欲从事制盐必先入盐籍"。宋代，"籍民户及罪犯制盐"，曰"灶户"或"亭户"。户有盐丁，每岁制办定额的盐，由政府给薪钱为工本，国家统一收盐。制盐成为盐民对国家特定的义务。

元代亦由官给煎盐柴地，盐户依额办纳盐课，官府酌给工本酬之。明初开始签补盐场附近民户充当灶丁，两淮运司所属各场灶户，都是淮、扬等府各该州县民内签充的。[①] 此外，迁徙顽民、罪犯到盐场煎盐。比如，犯徒罪者，发盐场煎盐，每日三斤；一般隔省发配，如福建、广东之人发两淮，直隶江南之人发山东，直隶江北之人发河间。灶户犯罪至"徒、流、迁徙、杂犯死罪者"，亦杖一百，调至其他盐产区之盐场煎盐。

明太祖恨江南人为张士诚效命，乃没收其富豪之田为官田，征以重税。或迁之于海滨为灶户，使其"世服熬波之役"。这种签充民户、罪犯、顽民发往盐场煎盐的做法，历洪武、建文、永乐、洪熙、宣德五朝而不改。正统以后，各场盐户逃徙死绝渐多。

为维持海盐的产额，明王朝进一步加强对灶户的管理，将灶户在黄册户籍上注明"著为灶籍，世代相承不得轻易变更"[②]。因故乔迁、附籍外地乃至老疾致仕，亦须发回原籍。因此各场灶户均有一定之额数，两淮三十场额设"灶丁三万五千二百六十六丁"。政府虽一再以各种方法逼督灶丁上场生产，并惩办逃亡者，却无法阻止灶户流亡，据《东台县志》记载，嘉靖年间，两淮三十场灶丁，"逃亡过半"。

---

① 何维凝：《中国盐政史》（上），武汉：崇文书局 1966 年版，第 265 页。
② 《万历会典》卷 34《课程三·盐法三》，第 38 页。

　　清人入关后，仍定天下户口为军、民、匠、灶四籍，"编户于州县，而佥民为灶"[①]，理论上并未废除灶户的世袭身份。但明清之际，天下动乱，灶户流亡更多。清政府为恢复盐产，必须"清查灶籍，俾归场供煎"，因此屡次下令将逃亡卖身之灶户革出回场煎办盐课，试图严格执行强制劳役的世袭灶户制度。

　　随着盐商资本控制盐场，自行买置亭灶，招丁煎煮，煎盐逐渐成为自由职业。灶丁可根据自己的意愿与努力，或改变职业，或上升社会地位，"东淘诗人"吴嘉纪就是典型的例子。

　　据《雍正山东盐法志》记载，康熙四年（1665），工部主事高瑜奏准："尽去灶户灶粮，归民编入里甲，一体输赋供徭。"灶户多有脱离灶籍为民者；乾隆三十七年（1772 年），"灶户之编审造册，正式永远停止，所有实在滋生人丁数目，一概归原籍州县汇入民数案内开报"，从此，灶户与民户根本无异，灶籍制度正式崩溃。制盐在法律与实际上均不再是义务，而是一种自由职业，灶户分化趋势更甚于从前。

（二）灶户的分化

　　在严密的灶籍制度下，灶民的劳动是强制性的，没有择业的余地，生存环境极其恶劣，他们终年"同虺蛇处，与豺狼游，所饮者咸苦之水也，所食者脱粟之餐也。老幼男女终岁胼胝，出入于灰碱泥淖之中，鹑衣百结，形容如鬼"。炎热的夏季是制卤煎盐的黄金季节。当炽热的太阳晒得人喘不过气来的时候，盐民们冒着酷暑，在灶边烧火，向镢内浇卤、刮盐、挑盐，都需要耗费大量的体力。正如沿海民谣所言，盐民是"生在海头，晒煞日头，压煞肩头，吃煞苦头，永不出头"。

　　灶户的"户役"或"职役"，就是为朝廷煎办盐课。朝廷对灶户管制严格，并不是说灶户的社会经济地位较民户低，而是因为朝廷必须有效地控制具有食盐生产技术的专门人户，以便有足够的劳动力来承担朝廷的巨额盐课差役。以明代为例：

　　总催、甲首是灶户上户之役。其任务主要有四个方面：一是协助场官催征盐课；二是监督灶户产盐；三是迎送过往官差；四是协同官吏清查灶户人丁、荡地、攒灶盐册。一般中、下户等灶户，尽管朝廷有"优免杂役"的优待条文，但事实上仍承担地方有司和盐政衙门的差役。主要原因为：

---

　　① 周庆云：《清盐法志》卷 4《缉私门·律例》，盐务所铅印本，1920 年，第 4 页。

其一，从制度上讲，明朝对灶户实行双重管理，即地方府县和盐运司对灶户都有管理权。表现在赋役上，灶户的官拨荡地、煎盐锅盘乃至灶户人丁本身都归盐运司管理，其生产盐亦归盐运司收纳；但灶户灶田夏税秋粮运输则归地方有司管理，而府县杂役是根据灶田多寡征发的，府县杂役，自然要点拨灶丁充当。因此虽有免除杂役的命令，也形同具文。

其二，就盐场而言，盐课司及盐运司衙门也需要差役使唤，其差役来源自然是灶户。上述总催、甲首，则是盐课司所佥派的灶户上户差役，其中户、下户，如在两淮，其灶丁差役，"随各场盐课多寡设立，以守仓库，便搬运，或呈送公文，解送盐价于京"①。

其三，就灶户而论，实际上分为煎盐灶户与水乡灶户两种类型。在优免杂役方面，由于水乡灶户"不谙煎晒""例不免差"。

其四，明代民田允许典卖，但民田有科差，田地买卖交易时，须将粮差推收过割，不得脱役，否则即为违法。

明代中期以后，灶户已有贫富分化。"余盐买补"政策的实施和愈演愈烈的私盐私贩活动密切了灶户与外界的经济联系，灶户中一部分有条件的人逐渐接近自由生产者的状态，他们掌握较多的生产工具，盐产出量较大，又可以凭借与官府、商人和特定流民的关系在盐业流通中获取制度之外的经济利益，成为富灶，而一些丁少家贫之户逐渐沦为贫灶。

1. 富灶对贫灶的兼并与排挤

明代中叶开始，富灶开始兼并贫灶之产，招丁煎晒。明初团煎制度较为严密的时期，盘铁、锅鐅等生产工具为一个团组织所共有，各灶户轮流使用，但煎盐工具"多被富豪久占，贫灶不得"的现象时有发生。嘉靖隆庆时期，随着盐商渗透到盐场，富灶的产盐活动更加灵活，他们"擅买私鐅者明目张胆而为之，纵横络绎，荡然而莫之禁矣。是以各场富灶家置三五锅者有之，家置十锅者有之"。贫灶煎盐晒盐活动中必备的盐池、草荡和灰场，也多遭富灶借其财势而兼并，"有力不相敌被人侵占"，有被"纠合人众公然采打"，有被其欺骗"立约盗卖"，以致"富灶荡连阡陌，贫者地无立锥"。贫富的分化使富灶得以在盐场生产中占主导地位，排挤贫弱灶户，使灶户间的贫富差距逐渐拉大。

还有部分富灶认为煎盐太苦，由煎盐转为贩草，"或并有大批荡地，或将岁久涸薄之盐池改为荡地，不再煎盐，专以贩草为生，称之为草户或荡户"。例

---

① 郭正忠：《中国盐业史·古代编》，第549页。

如乾隆年间,两淮盐区庙湾场的灶户不煎盐,"专以贩草渔利"①。其后,草价昂贵,草户获利甚多,人多趋之。光绪末年,盐城境内安丰、梁垛、富安、草堰、刘庄等场,均有亭废荡存的草户或荡户。

2. 贫灶对富灶的投靠与依赖

在富灶加强对贫灶的兼并排挤过程中,贫灶为求自保和生存所需,加深对富灶的投靠和依赖。贫灶对富灶的依附关系主要表现在逃脱封建劳役和贩卖私盐活动上。贫弱灶丁窝隐于豪强之家,图其荫庇,以此躲避追查,维持生活。

虽然灶户内部阶层的分化,使群体中出现豪强富灶,"灶户之中富者十无一二,贫者十常八九",而且贫富差距极大,富者田连阡陌,赀敌王侯;贫者无产无业,食不果腹,社会地位低下,他们忍受着居于荒滩、煎于烟火的劳作之苦,入不敷出、民不聊生的盘剥之苦,一日为盐、终生为役的束缚之苦,灾害侵扰、朝不保夕的受灾之苦。

清代的灶户分化也十分明显。清初,淮盐盐场的有些亭场已属灶业,如泰州分司所属 11 场,其中"富安、安丰、梁垛、东台、丁溪、刘庄、伍佑等七场,亭场俱系灶业"。"灶户"与一般的"灶丁""煎丁"也就有了区别,"灶户苦于场商,煎丁又苦于灶户"。晚清以后,随着盐业产量的减少,尤其是废灶兴垦的实行,不少灶户转为民户,放弃海盐生产,开始从事农业生产。

第三节　防私缉私制度

盐课是历代朝廷收入的重要来源,打击私盐、确保盐税是盐政管理的重要内容。重要的海盐产区,历代都设有防私组织和防私官员,从唐代的监院到元代的关防,从总催制到灶头制,以及明清两代责成地方巡司管辖形成的区域防私等,层层设官设卡,巡查缉私。

一、私盐的种类及其泛滥原因

私盐是走私的盐,与官盐处于对立的地位。私盐多则官盐滞,私盐少则

---

① 《嘉庆两淮盐法志》卷 27,第 10－11 页。

官盐畅。盐法之弊莫甚于私贩,盐法之要莫甚于缉私。私盐种类很多,一般分为:场私、军私、官私、邻私、船私、商私、枭私等。

表3-8　清代私盐的种类

名　称	内涵
场私(或灶私)	凡灶户于火伏之外私煮之盐,或隐瞒火伏,藏匿盐斤,不送公垣,私售商贩之盐
商私	商人于官引之外私自夹带之盐,或于官引之内多捆大斤超过额定斤重之盐
船私	船户运盐,预留空舱,于运载商人有引官盐之外,自带无引私盐,沿途洒卖
枭私	凡不用官船,结帮贩运,以其人多势众,自带军器,公然抗税之盐
邻私	商人行盐,不按引界,越界经销之盐,虽系有引官盐,亦视同私盐
粮私	江浙湖广漕运粮食至京交割后,空船南返时至两淮买定私盐,于南归沿途随处售卖,是谓粮船回空夹带私盐
功私	凡缉私人员将没收之私盐(旧称功盐)转而私售者
官私	官吏私售之盐
军私	军人兴贩之私
补私	船户捏报淹消按例重行补运之私
渔私	渔户多带腌切护盐之私

　　上述种种私盐,无疑是清代盐政史中的突出问题,历来为当政者大伤脑筋,那么导致私盐泛滥的原因是什么呢?佐伯富在《清代盐政之研究》中将私盐泛滥的原因归结为八条:一是私盐的价格比官盐低,人们贪贱买私;二是私盐的质量较好,人们乐于买食;三是私盐可以零买,买食方便;四是私盐可以赊欠,也可以以物易盐,而官盐必须现钱;五是官盐店离村舍较远,而私盐早晚沿门来卖;六是由于吏治腐败,缉私不能彻底地进行;七是盐政渐次崩坏,盐商资本耗竭,灶户所产盐斤不能尽数收买;八是食盐消费者欢迎私盐,对官盐往往采取拒斥的态度。除此之外,盐商与枭私的勾结以及贪官污吏的借官行私等,也是私盐泛滥的重要原因。

二、缉私制度与律令

　　面对泛滥成灾的私盐,朝廷当然不会无动于衷。为了缉捕防阻私盐,曾经制定了许多具体的措施。其主要是在产地实行保甲制(团煎制)和火伏制,在行盐口岸设立缉私卡巡。

（一）实行团煎制和火伏制,从生产源头处防范私盐

盐业生产组织一般有"聚团公煎"制、家庭操作制、单元集体操作制等形式。东晋至明代,主要是"聚团公煎"制,即将亭户以灶或团为单位组织起来,"公煎"就是亭户集中于灶或团集体轮流煎盐。明神宗万历四十五年(1617)至清初,采用家庭操作制,以锅镦户煎为主,恢复一家一户独立自主生产。同时灶户改缴盐(本色)为缴银(折价),团煮制度随之废除,官府不再铸造盘铁,存量盘铁继续使用。清末至近现代,采用单元集体操作制,生产单元是最基础的生产组织,由一名领滩手及三至四名盐工实施修滩、制卤、产盐及塑苫池维护等生产作业;盐场负责水、电、动力、生产物资等公共生产资料的供应,并组织全场指挥生产。

盐场最初利用盘铁,实行"聚团公煎",防止灶户私煎。"团"的首领为总催,负责收纳盐课;每团约有盘铁5—6副,每一副盘铁平均由23户或56丁共用,轮流煎办,每次2—3人,或5—6人共同使用。"团"作为一种共同作业的生产组织,一方面可以使灶户"协力作工,轮流火伏",强弱相均,守望相助;另一方面,可以互相监督,防止私煎。

团煎法废除后,灶户各自为政,自行煎烧,团总已非煎盐组织。政府为重新控制盐场,防杜透私之时,不得不另立一种制度,这就是灶头、灶长制,灶长负责发放印牌,灶头负责登记核查。向来煎盐,自子时至亥时,一昼夜,谓之"火伏",可烧盐六盘,每盘一百斤。凡灶户起火煎盐,必先报明灶长,再向灶长领印牌,悬于煎舍。煎毕止火,再将印牌交还灶长。灶头即将领牌、缴牌时刻登记,复按时刻赴煎舍盘查,如有缺额,立时会同灶长报告场官查究。灶长处存有用印根单联票,逐日将各户起伏时刻、应得盐数,填入根单保存备查。

虽有这样严格的制度,藏匿私盐的事情仍时有发生:灶头、灶长均属灶丁户,常常捏改火伏时刻;而灶丁又常起火于领牌之先,或伏火于缴牌之后,致匿盐贩私无可稽考。所以私盐大量由场灶流出的事情时有发生。

各大海盐产区,生产名义上由各分司管理,实际上场大使具有非常大的权力。场大使的主要职责在于控制海盐的额定产量,以防止产量不足或额外私煎私晒。为防止所煎之盐超额而流为私盐,两淮盐场自雍正时期开始制定稽查火伏之例,于各场灶按盘角锅镦,严定煎盐数额,每一火伏(以一昼夜为一火伏)例得盐一桶一二分至三四分(每桶为50千克),责成头长掌管印牌,举

火则领牌,熄火则缴牌;又立循环簿以稽查时刻,设联单以磨对盐数。

图3-8　南通博物院收藏盐民"火伏牌"

从以上可以看出,"火伏法"非常重要,且相当缜密。在场大吏、灶长、灶通、巡商、巡役、磨对、走役的严密控制下,既稽查灶户的生产工具,又核定每一火伏的煎盐数额,凡灶户名下,盘几角,锅几口,产盐多少,造册立案。同时,在这一过程中,还设立了磨对公所以及印牌、循环簿、根票、联票等,进行磨对校比,法不可谓不密。当然,并不是所有的盐场都有走私,比如两淮盐区的小海场,"然贩私之枭,小海遂无一案,缘本场镦皆商置,而各灶从无一镦,余盐无多,本团复有弁兵防守,南闸启闭有时,透漏为难,介于两强无所措手足,故小海可无私贩"①。但这只是个案,私盐泛滥是盐政中一大弊政。

此外,还实行保甲制,首先是为了清查灶户,其次是严明保甲长的职责,以便"稽查私弊"。

（二）设立缉私要隘和关卡,在运销中防范私盐

行盐口岸缉私卡巡,是在易于走私的关口要冲,建立关卡和由军队巡役、地方巡役、商人巡役组成的缉私队伍。自唐宋以来,两淮一直是全国产量最高、行销地域最广的盐区,明代"国家岁入正赋共四百万有奇,而盐课居其半。各处盐课共二百万有奇,而两淮居其半",清代"两淮盐赋实居天下诸司之半",在国家财政中占有重要位置。晚清以前,两淮盐业以淮南为重心,而淮南盐产量最高者则为泰州分司所隶诸场,"淮南之盐,十分之中,八分取资于

---

① ［清］林正青:《小海场新志》卷1,地方志编委会:《中国地方志集成·乡镇志专辑》(17),南京:江苏古籍出版社1992年版,第229页。

此",计东台、何垛、伍祐、安丰、庙湾、富安、梁垛、草堰、刘庄、丁溪、新兴十一场,皆在现今盐城境内。可以说,盐城长期以来一直是国家财赋渊薮之区,名副其实。

十一场所产盐斤汇集至串场河后,经泰州盘坝进入上河,行至江都湾头闸入大运河,抵达仪征称掣后出江,分运江西、湖南、湖北等省份销卖。串场河—上河—大运河(江都至仪征段)—长江构成了连接产盐地与运销区之间的运输干道,大运河是其中的重要河段。正是借助于大运河等河道,盐城丰富的盐产资源才得以运出去,满足亿万百姓的日常食用需求,满足国家对于盐业财政的需求。鉴于大运河不仅为漕河,也是食盐运输的干道,因此大运河淮扬河段又被称为"漕盐运河"。为防贩私,从团灶到盐场到泰坝,层层设卡缉私成为盐场控制私盐的重要手段。主要手段有二:一是在重要关津骑扣设置巡检司,二是在各盐场视地形和实际需要设置关卡。①

巡检司始于五代,主要行使在关津要道稽查往来,缉拿寇盗、打击走私等职能,管辖权归当地州县。以盐城为例,明清两代盐城境内设置的巡司主要有富安巡司(今东台富安)、西溪巡司(今东台西溪)、沙沟巡司(今建湖沙沟)、上冈巡司(建湖上冈)、草堰口巡司(建湖宝塔)、羊寨巡司(今阜宁羊寨)、马逻巡司(今阜宁芦蒲童营)、火套巡司(今阜宁北沙)、庙湾巡司(今阜宁县城)、喻口巡司(今阜宁喻口)等。

各盐场更是直接设置稽查关卡,朝廷在这些关卡驻守兵丁,与重要场署设立的缉私营和各地方巡司相策应,打击民户贩私活动。清光绪《两淮盐法志》中对关卡的地点有详细的记录:

东台场,设有缉私隘口三个,分别为灶坝、南关、葛家荡。

何垛场,设有缉私隘口六处,分别为海道口、三里湾、串场河、九龙港、梓辛河、九里墩,其中与丁溪交界处的九里墩最为重要。

伍祐场,设有走私隘口五处,其中陆路两处,分别为陈家港、便仓;水路有三处,分别为顶冈河、蚌沿河、斗龙港。

安丰场,缉私隘口四处,分别为大尖、小尖、仇湖、新灶。

庙湾场,为距离泰州分司衙署最远的一个盐场,运盐河需由鲍家墩至阜宁经朦胧、沙沟绕兴化将近六百里才能抵达泰坝。境内缉私隘口四处,分别为海关、大关、新河口、沟安墩,其中下以海关,上以沟安墩两处隘口最为扼要。

① 盐城市政协学习文史委员会编:《史海盐踪:盐城海盐文化历史遗存》,北京:中国文史出版社2016年版,第59-60页。

富安场，缉私隘口四处，分别为通远桥、潼口、贲家集、许坎关。运盐河距离泰坝一百三十多里。

梁垛场，缉私隘口四处，分别为界牌头、三里庵、休宁坝、减水坝。其中最南侧的界牌头和最北侧的三里庵缉私压力较重。运盐河距离泰坝一百二十里。

草堰场，缉私隘口六处，分别为韦子港、五孔闸、白涂河、海沟河、吉六港、东洋河口。距离泰坝一百四十五里。

刘庄场，境内缉私隘口四处，有大团、青龙、八灶三闸和白驹交界口，其中大团最为扼要。距离泰坝一百九十里。

丁溪场，小海场归并丁溪场后，境内缉私隘口共七处，分别为九里庵、丁溪闸、沈灶关、古河口、小海闸、小海关、万盈墩。距离泰坝一百四十五里。

新兴场，境内设缉私隘口五处，其中陆路隘口两处，分别为大团口、旧场，水路隘口三处，分别为天妃闸、上冈闸、草堰口。距离泰坝三百零八里。

这些关卡多数依津渡、桥闸、集市而立，如今依据一些如"坝""桥""关"等富有特点的地名，依然能找到部分当年的地点，成为海盐历史文化的又一重要的记录。

三、缉私律例

私盐的存在必然导致官盐滞销，历代政府对私盐的打击可谓不遗余力，但由于多方面的原因，私盐问题仍然极为严重。为了防范和打击私贩，历代政府都制定了专门的法律条规。清初规定："凡犯无引私盐者杖一百，徒三年。若有军器者，加三等，流三千里。拒捕者斩监候……"[1]其他帮助窝藏犯人、帮助挑运私盐的都会受到不同程度的惩罚。海盐产区发生的走私活动多为场私，或称灶私。场私向来被视为"贩私之源"。清道光帝曾云："私贩私带之盐，皆出于场灶，缉私而不究私所自出，则弊源未遏，安望盐务日有起色。"[2]对于灶户来说，除了极少一部分富灶凭私盐谋利外，大部分贫弱灶户往往迫于生计而不得已去透漏私盐："欲食之急，惟恐私贩之不来""彼将求其生而不得势必至于私贩"。但普通灶户进行私盐贩卖须承受更大的风险，因为较之流动性高的盐商和隐匿性强的盐徒，固定在场的灶户更便于政府的监控和

---

① 曾仰丰：《中国盐政史》，郑州：河南人民出版社2016年版，第174页。
② 陈锋：《清代盐政与盐税》，武汉：武汉大学出版社2013年版，第233-234页。

管理:"盐徒之踪迹莫定而灶户之煎煮有方。莫定者固待于巡缉,而有方者便可以捕拿也"[①],故灶私往往成为禁私活动中重点防范对象。同时,政府缉私系统腐败滋生,"巡盐人役猫鼠同眠,交通盐徒或受其常例纵放,或通同贩卖分赃,船运车载者置而不问,而贫难肩担背负无钱买免者却行捉拿塞责"。贫灶即使在法律允许之内肩挑背负少量食盐贩卖易米,也往往被无理捉拿,更何况透漏私盐。相比之下,累赀千万的富灶却可凭借手段"交结场官,串通总催",而"贪官亦利其馈送,乐与之处,凡所指使,无敢不从"。同时富灶凭借权势招纳盐徒,为其贩卖私盐,有稳固的渠道和交际手段。于是"贫民卖私盐,人即捕获,富室卖私盐,官亦容隐,故贫灶余盐必借富室乃得私卖"。

造成场私的原因是多方面的,主要如下:

第一,地理上的客观原因。淮盐产于沿海,冯桂芬在他的《利淮鹾利》中谈到场私的原因时说:"海滨数百里,港汊百出,白芦黄苇,一望无际,村落场灶,零星散布于其间。不漏于近署,漏于远地矣;不漏于晴霁,漏于阴雨矣;不漏于白昼,漏于昏暮矣。"冯桂芬主要从盐场濒临海滨的地理特点、天气原因等方面分析盐场灶民走私的原因。

第二,官定食盐产价太低,煎晒盐斤所需工本又日益增加,灶户所卖额定食盐难以换回工本,不走私难以维持生活。

第三,场商对灶户的剥削太重,迫使灶户卖私。政府正杂盐课的摊派加征,直接加于盐商,盐商就把重负的一部分转嫁到灶户身上,灶户只能卖私以自赡。盐商视灶户为"可啖之肉"。

第四,随着盐引的滞销,盐商的倒歇衰微,盐商无力全部收买灶户之盐,以致灶户有盐却无法出售,与其坐待饥寒,不如私卖济枭,甘蹈法网。灶户煎盐,总期望商人能够买盐,以资糊口。如果商力日乏,每至旺煎之时,商不收盐。或者商人大桶重斤,多方取赢,或者勒令短价,拖欠不清,于是灶户的盐不乐于售给商人,却愿意售给私枭。

此外,盐场各官接受贿赂、监守自盗的现象也屡见不鲜。为禁止、惩罚各种贩私行为,朝廷颁布了各种严厉的律例。按类型分,可分为灶丁贩私律,兵丁贩私律,漕船、盐船等夹私律,盐商贩私律,枭徒贩私律,一般贩私律等。其中对灶丁售私的处罚与缉私规定如下:为禁止场灶走私,清政府先后颁布了《灶丁私盐律》《灶丁售私律》《获私求源律》等。在《大清律例》卷13《户律·盐

---

① [明]史起蛰:《两淮盐法志》卷5,《四库全书存目丛书》,史部274册,济南:齐鲁书社1996年版,第228页。

法》载有灶私一条："凡盐场灶丁人等，除岁办正额盐外，夹带余盐出场，及私煎盐货卖者，同私盐法。"《户律·条例》中记载："凡灶丁贩卖私盐，大使失察者，革职；知情者，枷号一个月发落，不准折赎。""凡拿获私贩，务须逐加究讯，买自何地，卖自何人，严缉窝顿之家，将该犯及窝顿之人，一并照兴贩私盐例治罪。"

从这些律例中，显然可以看出其严密性和严厉性，不但明确规定了售卖私盐对灶丁的处罚，而且注意到了对"失察"官员的处分，对私盐的防范是起了一定成效的。

海盐生产、流通、运销、消费是一个复杂的系统过程，每一个环节都有一定的制度约束。围绕盐场管理的制度，构成典型的"海盐制度文化层"，是人类智慧的结晶。各种制度的出笼，实际上是权力和利益的转移与再分配，是政府、盐商、灶户这三大利益主体之间调整利益格局的结果，也是三大主体之间为了实现各自利益目标而进行的博弈过程。

思考与研讨

1. 隋唐至明清盐政制度变迁的政治意义和文化意义是什么？
2. 搜集有关张士诚盐民起义的相关资料。

参考文献

1. 郭正忠主编：《中国盐业史》（古代编），人民出版社，2006 年。
2. 陈锋：《清代盐政与盐税》（第二版），武汉大学出版社，2013 年。
3. 张国旺：《元代榷盐与社会》，天津古籍出版社，2009 年。
4. 刘淼：《明代盐业经济研究》，汕头大学出版社，1996 年。
5. 倪玉平：《博弈与均衡：清代两淮盐政改革》，福建人民出版社，2006 年。
6. 张小也：《清代私盐问题研究》，社会科学文献出版社，2001 年。

资料拓展

序曰：官因事起，事焉。人谋，前圣谓之天秩、天禄，重可知矣。盐务必遣绣斧，弹治奸顽也；次设运使分司，分絜纪纲也；下至小吏掾史，劢奔走、亲细事也。若网在纲，有条不紊；务在大法小廉，以□厥职……

御史附注：汉唐以来，巡盐官无定制，明正统朝始专差御史巡盐，至今因之，辖山东及河南之开封。

葬鹄立，字卓然，满洲镶黄旗人，雍正元年、二年任，三年升大理寺，今升兵部右侍郎，仍管理长芦等处盐政。"驿盐道"附注：明初以山东水利道兼摄盐法，隆庆五年始改清军驿传道，顺治年间废置不常，康熙三年将驿务分归济东道，盐政专属运使。"运使"附注：按唐之都转运使，以粮为重，宋改为盐运使，其名始正。明时多以各道员兼摄。自康熙三年以盐务专归盐运使，其职始称辖山东及河南之归德，江南之宿州、徐州丰、沛、萧、砀，督理行盐，驻扎济南府。"大使"附注：明制大使二十三员，康熙五年裁预备盐仓大使一员，康熙十六年及十八年裁场大使九员，现任大使十三员，旧例不书姓名。

——《山东盐法志》卷四《职官》

扫码看看

海盐传奇　第三集

http://tv.cctv.com/2016/03/17/VIDEfB0KUHkTJAajEBLq8s9R160317.shtml

第四章　海盐典籍

　　在中国长达上千年的海盐发展史上，留下了大量与海盐相关的历史文献，有的分散记载于正史、制书、档案、文集、方志乃至笔记、小说等文献系统中，有的则是关于海盐的专门典籍。后一类文献记载较为专门、系统，是认知中国传统海盐史最基本的文献构成，系统反映了海盐生产以及管理、运销等诸方面的历史信息。存世文献多集中在元、明、清三朝，尤以明清时期为主。本章将摘取其中较具代表性的典籍进行介绍。

第一节　陈椿与《熬波图》

　　图像是传承与认知历史的重要媒介之一。明清时期的盐业志书中，一般会载有"图说"一门，但记载的大体是官署、场灶、引岸、捆运等情形，而无海盐生产流程之图，即便附图，也都失之简略。而成书于元代的《熬波图》则以图文并茂的方式详细介绍了传统海盐煎制方法的流程，是中国现存最早的记载海盐生产工艺的专著。

一、《熬波图》作者、成书过程及版本

　　关于《熬波图》的作者及成书过程，钦定四库全书本《熬波图·提要》有所描述："臣等谨案：《熬波图》，元陈椿撰。椿，天台人，始末未详。此书乃元统中，椿为下砂场盐司，因前提干旧图而补成者也。"[1]可见此书乃陈椿在前人旧图基础上增补而成。那么，旧图是何人所作呢？陈椿又是何人？为何替其增补？陈椿所写《熬波图序》则给出了相关答案：

　　　　"浙之西华亭东百里，实为下砂⋯⋯皆斥卤之地，煮海作盐，其

---

　　① ［元］陈椿：《熬波图》，《景印文渊阁四库全书》，台北：台湾商务印书馆 1986 年版，第 311 页。

来尚矣。宋建炎中始立盐监,地有瞿氏、唐氏之祖为监场、为提干者。至元丙子,又为土著相副管勾官,皆无其任者也。提干讳守仁,号乐山。弟守义,号鹤山……而鹤山尤为温克,端有古人风度。辅圣朝开海道、策上勋、膺宣命,授忠显校尉、海道运粮千户,深知煮海渊源,风土异同,法度终始。命工绘为长卷,名曰'熬波图'。将使后人知煎盐之法,工役之劳,而垂于无穷也。惜乎辞世之急。仆襄吏下砂场盐司,暇日访其子讳天禧、号敬斋于众绿园堂。出示其父所图草卷,披览之余,了然在目,如示诸掌。呜呼! 信知仁民之心如是其大乎! 抑尝观淮甸陈晔《通州鬻海录》,恨其未详,仅载西亭、丰利、金沙、余庆、石堰五场,安置处所,捎灰、刺溜、澳卤、试莲、煎盐、采薪之大略耳! 今观斯图,真可谓得其情备而详矣。然而浙东竹盘之殊,改法立仓之异,犹未及焉。敬斋慨然,属椿而言曰:'成先君之功者,子也,子其为我全其帙而成其美云。'椿辞不获已,敬为略者详之,阙者补之。图几成而敬斋不世。至顺庚午始得大备,行锓诸梓,垂于不朽。上以美鹤山存心之仁,用功之勤;下以表敬斋继志之勇,托付之得人也。有意于爱民者将有感于斯图,必能出长策以苏民力,于国家之治政,未必无小补云。时元统甲戌三月上巳,天台后学陈椿志。"①

从这段描述中,可以提炼出下列信息:

第一,大致在至元十三年(1276)左右,浙西华亭县下砂盐场提干(盐场管理官员)守仁(姓无考)的弟弟守义,因为对海盐生产极为熟识,因此请人将熬波煮盐的程序以画像的形式呈现出来,取名"熬波图",这成为后来《熬波图》的雏形。至于请谁所作,则无考。

第二,天台人陈椿出任下砂场盐司时,守义已经去世,他在造访守义的儿子天禧时,得以览阅熬波图,在大受震撼的同时,也感慨此图仍有缺陷,于是接受天禧的委托,对其进行增补。

第三,陈椿序言虽写于元统二年(1334 年),但早在至顺元年(1330 年),该书就已经增补完毕,等待付梓刊印。因原本现已不存,因此陈椿到底增补了哪些内容,也就无从考证了。但是在《上海掌故丛书》中收录《熬波图》时,

① 〔元〕陈椿:《熬波图》,《景印文渊阁四库全书》,台北:台湾商务印书馆 1986 年版,第 312 - 313 页。

附录跋文,认为"其说与诗,当是元统中下砂场盐司天台陈椿所撰也"①。

由此可见,后人将《熬波图》作者写成陈椿,主要是因为《熬波图》是经他之手最终成型并刊印的。

关于《熬波图》的版本。明代编辑《永乐大典》时,曾将《熬波图》收入,但较原本已经缺少5图,仅剩42图。之所以出现这种情形,主要是因为当时陈椿原本已不存世,所以纪昀等人在给《熬波图》所作"提要"中推测,其收录的应该是临摹本,"《永乐大典》所载已经传摹,尚存矩度,惟原缺五图,世无别本,不可复补。姚广孝等编辑之时,虽校勘粗疏,不应漏落至此,盖原本已佚脱也"②。而现在通常所用的四库本《熬波图》,则是取自《永乐大典》本。

除此版本外,民国时期,曾根据罗振玉收集的《熬波图》出版过三种刊本,分别为:1914年刊行,收入《雪堂丛刻》第一集;1916年刊行,收入《吉石庵丛书》第一集;1935年刊行,收入《上海掌故丛书》第一集。其中,《雪堂丛刻》本只有文字而无图片,而《吉石庵丛书》本印制较为清晰,而且收录了全部47幅图。对此,日本学者吉田寅通过比对绘画特征,倾向于认为这一版本是清人根据《四库全书》本增补而成的。③

二、《熬波图》内容提要

与常见的以概要性文字叙说海盐生产过程的文献记载不同,《熬波图》以图配文,分步骤对海盐制作过程进行了详细说明,这构成了本书最为鲜明的特色。全书共分上、下两卷,共计47图(缺少5图),每图后皆有文字对图片内容进行解释说明,并附有图咏,全书皆照此布局。

试举一例以供说明:"车接海潮"一环,先录图片,给人以直观感受。后附文字说明何谓"车接海潮":"五六七八月间,天道久晴,正当酷热之时,时虽大汛,潮不抵岸,沟港干涸,缺水晒灰,只得雇请人夫,将带工具,就海三五里开河,多用水车逐级接高,车戽咸潮入港,所以备灶丁掉水灌泼摊场,淋灰取卤。"也就是说,在干旱月份,潮水不至,则需要通过逐级车水的方式来获取海水,

---

① 上海通社辑刊:《上海掌故丛书·熬波图》,《中国方志丛书·华中地方》第404号,台北:成文出版社1983年版,第108页。

② 〔元〕陈椿:《熬波图》,《景印文渊阁四库全书》第662册,第311页。

③ 〔日〕吉田寅著,刘淼译:《〈熬波图〉的一考察(续)》,《盐业史研究》1996年第1期,第48-49页。

以供取卤。

图 4-1　车接海潮图

最后附诗一首,形象地描述了车水时的场景:"翻翻联联,莘莘确确,东海巨蛇才脱壳。滔滔车腹水逆行,辊辊车声雷大作。能消几部旱龙骨,翻得阳候波欲涸。谁家少妇急工程,径上车头泥两脚。"

早在 20 世纪 20 年代,朱自清先生就以"佩弦"的笔名在《小说月报》上发文,对《熬波图》进行了介绍,成为国内较早关注这本书的学者。他在文章中将《熬波图》的 47 图分成了 10 组,从而呈现了"熬波"的 10 道工序:

(1) 盖造房舍,计《各团灶座》《筑垒围墙》《起盖灶舍》《团内便仓》4 图。

(2) 裹筑灰淋与池井,计《裹筑灰淋》《筑垒池井》《盖池井屋》3 图。

(3) 引入海水,计《开河通海》《坝堰蓄水》《就海引潮》《筑护海岸》《车接海潮》《疏浚潮沟》6 图。

(4) 辟治摊场,计《开辟摊场》《车水耕平》《敲泥拾草》《海潮浸灌》《削土取平》《棹水泼水》6 图。

(5) 晒灰淋卤,计《担灰摊晒》《篠灰取匀》《筛水晒灰》《扒扫聚灰》《担灰入淋》《淋灰取卤》6 图。

(6) 载卤入团,计《卤船盐船》《打卤入船》《担载运盐》《打卤入团》4 图。

(7) 斫柴运柴,计《樵斫柴薪》《束缚柴薪》《砍斫柴生》《塌车辐车》《人车运柴》《辐车运柴》6 图。

(8) 治制铁盘,计《铁盘模样》《铸造铁桦》《砌柱承桦》《排凑盘面》《炼打草灰》《装泥桦缝》6 图。

（9）煎盐，计《上卤煎盐》《捞洒撩盐》《干桦起盐》《出扒生灰》4 图。

（10）收盐运盐，计《日收散盐》《起运散盐》2 图。[①]

三、《熬波图》价值赏析

《熬波图》具有极高的历史价值，这主要表现在：

首先，众所周知，它是中国现存最早且完整记录海盐生产流程的著作，本就具有极高的文献价值。

其次，全书以图佐说的叙述方式，可以让后世学人借此明晰盐业生产的细节及完备的工序，而那些仅仅依靠文字记载的著作则很难达到这一功效，故而对中国海盐制艺的研究意义非凡。

最后，《熬波图》编撰目的在陈椿自序中有清晰呈现。起初守义决定绘制熬波图时，就是意图"使后人知煎盐之法，工役之劳，而垂于无穷也"，而陈椿接续增补，则谓"有意于爱民者将有感于斯图，必能出长策以舒民力。于国家之治政，未必无小补云"，即发挥中国传统史籍编撰的咨政作用，尤其是期待后来者能够借此书对盐民的辛劳感同身受，开出良方，舒缓民困。因此书中的图咏部分含有大量对盐民劳作情形的生动描绘。

到了摊灰时，常常是灶户全家总动员，齐上阵，《担灰摊晒》载"男子妇人若老弱幼，夏日苦热，赤日行天，则汗血淋漓。严冬朔风，则履霜蹴冰，手足皲裂，悉登场灶，无敢闲惰"，根本无暇他顾，以至于"草间终日眠婴孩"，忙碌辛劳可见一斑。而在摊场车水灌溉干涸后，则需要用手捡尽杂草、草根，以致"十指尽皲瘃，那复问肩背"（《敲泥拾草》）。到煎盐、捞盐环节则更加辛苦，《上卤煎盐》载"烹煎不顾寒与暑，半是灶丁流汗雨"；《捞洒撩盐》则谓"盆中卤干时时添，要使桦中常不绝"，需要时刻保持清醒，添加盐卤，以致"人面如灰汗如血，终朝彻夜不得眠"。从这些描述可以看到盐民的劳作压力和辛苦程度，以至作者发出了"早知作农夫，岂不太容易"的慨叹。这些论述对于考察当时盐民的真实生活情态有所帮助。

另外，一些记载也可以反映场灶的情形。如《砍斫柴甡》载"黄茅斫尽盐未尽，官司熬熬催火伏，有钱可买邻场柴，无钱之家守盐哭"，则反映了当时下砂场所产荡草很多时候无法满足该场的额定盐课生产需求，而临近各场有多余者，可由灶户进行买卖调剂。

---

① 佩弦：《熬波图》，《小说月报》1927 年第 18 卷第 2 期，第 2—3 页。

除了历史价值外,《熬波图》亦兼具艺术价值,这主要体现在图画上,这一点朱自清先生论述得最为真切。他指出这些画绘制工细,人物神情、动作之间均能和洽对接,栩栩如生,惟妙惟肖,"如《团内便仓》图中,一人在地上,双手捧一叠瓦,两足离立,仰望屋上人,回身作势;瓦几欲脱手而出。屋上人则两足一前一后,弓着腰,向下摊开双手;只等着接那一叠瓦。又如《车水耕平》中,一老一少在水车旁石上对坐。老者右胫横加于左股上,以两手抱着;少者右手据石,左手拿着蒲葵扇,向老者指点着,张口似有所语"。更为有趣的在于,"各图都能'于百忙中着些闲笔'。每幅上端,往往有些远景:或写乱山,或写烟水,又以小桥村舍,杂树飞禽,点缀其间。每幅中间,灶丁们工作之外,往往又插入些闲人闲事:如老翁负小儿,指点工作,少妇门内看闲,儿童画地着棋,或倚栏垂钓;乃至群鸡觅食,两狗相扑,等等。而所画人物,所布景色,位置和情形,又无一幅有重复处。这样,每幅图都是一个新鲜的境界"。[①]

第二节 盐业志书盐区举要

到清代,除新疆、内蒙古之外,已形成十一个盐业产区,"曰长芦,曰奉天,曰山东,曰两淮,曰浙江,曰福建,曰广东,曰四川,曰云南,曰河东,曰陕甘"。[②]其中两淮、长芦、山东、浙江、福建、广东、奉天七处皆为海盐产区。明清时期,官方多以盐区为单位,组织编撰盐法志,并屡有加修,如《两淮盐法志》,在清代曾五次修撰。这类文献对盐区的盐业生产与运销,盐区建置、官署、宗教、教育、人物等内容无不涉及,是了解明清海盐历史最为基础、系统的典籍,现分盐区予以介绍。

一、两淮

弘治《两淮运司志》七卷,史载德撰。载德,字公著,河南新郑人。弘治初年,运判徐鹏举曾创辑司志。徐氏为四川泸州人,进士,弘治二年任两淮运司判官,闲暇之余,搜集典章旧故,创设《运司志》,然而未及脱稿成书,即升任太仆寺,离开两淮。残稿一直存留。到弘治十二年间,史载德巡盐两淮,令训导

---

① 佩弦:《熬波图》,《小说月报》1927年第18卷第2期,第5页。
② 赵尔巽等:《清史稿》卷123《志第九八·食货四·盐法》,北京:中华书局1977年版,第3603页。

郑仲达等在之前旧稿的基础上再行增添成书。现今《两淮运司志》只存残本四卷(第四、五、六、七卷),收藏于国家图书馆。卷四载有名宦、人物、烈女、古迹、祠庙、寺观、陵墓、仙释、灾详等节目。第五卷论述泰州分司的大致情形,于所属盐课司的空间四至、山川、闸坝、田粮、盐课、草荡、盘铁、土贡、公署、社学、古迹、职官、坊巷等皆有论述。第六卷则为通州分司,第七卷为淮安分司,体例皆与泰州分司相同。该书是现存最早的两淮盐业史专著,虽为残本,但五至七卷系统记载了两淮三分司的详细历史,对于研究两淮盐业变迁有所助益。

嘉靖《两淮盐法志》十二卷,杨选修,杨氏于嘉靖二十八年至二十九年任两淮巡盐御史,在他的倡导下,修志提上日程,由史起蛰、张榘等人负责修撰,全书主要基于弘治志进行增益,始于嘉靖二十九年,成于三十年。该书卷一为图说,卷二为秩官与署宇,卷三为地理与土产,卷四至卷六为法制,卷七为户役与贡课,卷八为人物,卷九为祠祀,卷十为宦迹,卷十一、十二为杂志,共计十二门、十二卷,全书图记并举、史料丰富、体例严谨。有四库存目本,今人荀德麟则有点校本出版。

康熙《两淮盐法志》,谢开宠撰。该书创修于崔华,崔氏为直隶真定府平山人,于康熙二十三年任两淮运使,感慨清朝"定鼎后百度维新,典章大备,而于两淮盐志一书阙焉未讲,非所以昭文献、备征考也",乃以"修举废缺为己任",于公务之余,令郡学生黄暹采辑草本。后延聘其同榜寿春人谢开宠就草本进行纂辑删订,谢氏"删繁就简,补齐缺略,次第编辑,凡十有六条",康熙三十二年书成。[1] 全书一共分为星野、疆域、场考、省考、秩官、署宇、额例、诏敕、律例、奏议、风俗、选举、古迹、土产、人物及艺文十六门,计二十八卷。《中国盐书目录》对其评价甚高,"所述历代榷盐之法,代虽屡更,要不过裕国、便民、惠商、恤灶四者尽之,可谓得治盐之要","其各门说明,均有原则;虽简繁不一,亦可见清初盐政概要。其论灶俗,谓灶民率多吴民,相传张士诚久抗王师,明太祖怒其负固,而迁恶于其民,摈之滨海,世服熬波之役以困辱之。所说可补正杂各史之阙,而盐民生活之苦,由来已古,于此可证;怜悯之心,不觉油然而生也。其论商情,亦有至理"[2]。但该书亦有一定缺陷,比如"土产"一

---

① 康熙《两淮盐法志·序》,收入吴相湘主编:《中国史学丛书》(初编),台北:学生书局1966年版,第1-33页。

② 何维凝编:《中国盐书目录》,收入沈云龙主编:《近代中国史料丛刊续编》(第十六辑),台北:文海出版社1975年版,第98-99页。

门仅载盐,其他不载。有影印本收入台湾《中国史学丛书》中。

雍正《敕修两淮盐法志》十六卷。噶尔泰监修、程梦星纂。该志前列诸图,首卷为恩纶,次为职官、廨宇(仓垣附)、场灶、煎造、疆域、水道(口岸附)、引目、额征、律令、奏议、名宦、选举、人物、祠祀(书院附)及艺文,共计十六门十六卷。乾隆《两淮盐法志》所录两淮盐政吉庆奏疏,评价该志称"固已纲目森具,巨细毕陈,垂万世而有所征考者矣"①。《稀见明清经济史料丛刊》(第一辑)收录该志。

乾隆《两淮盐法志》四十卷(卷首一卷)。吉庆监修,王世球纂。乾隆十一年,盐臣吉庆奏称,两淮距离上次修志已近二十载,其间"引目增易,已有今昔之不同。场灶事宜,亦有兴革之各异。头绪股繁,事类纷杂,若不重加修辑,恐致日久散漫无稽,渐难蒐集,应亟为编纂",获允,至十三年书成。该志共分为转运、课入、场灶、职官、律令、优恤及杂志等八门,每门各分子目,合计四十有五。据其"凡例"所言:与前志相比,有前志所未及而不得不为增定者,如转运之趱运;有前志所杂入各目而不得不为提出者,如转运内之配运、场灶内之范堤、潮墩;有前志一目中统为杂续而不得不别为界画者,如转运内之河渠,职官内之管制。② 可知此次修志不仅在内容上有所增辑,在类目安排上亦有所调整。《稀见明清经济史料丛刊》(第一辑)收录该志。

嘉庆《两淮盐法志》五十六卷(卷首四卷),铁保监修,单渠纂。嘉庆七年盐臣佶山以距离上次修志五十余年,提请重修,获允。重修开始于七年十二月,至十年六月修竣,再行重加删订,十一年四月成书,计五十六卷,"凡旧志所略者详,讹者正,阙者补,冗者芟,中间异同损益,皆于谨按发之不更,缀以弁言",该书卷首四卷为制诏与恩幸,全书共分为历代盐法源流表、古今盐议录、图说、转运、课程、场灶、职官、律令、优恤、捐输、人物、杂记,每门各隶子目,如"转运"一门分为行盐疆界、引目、六省行盐表、河渠、配运、掣验、趱运、缉私、融销、铣销、提纲、借帑十二个子目。与旧志相比变动较多,调整了条目,增加了图画及表格,比如"旧志通部不列一表……今创表六","旧志有图无说,兹增图为六十二,系之说这五十一",删去了河渠中"口岸"、场灶中"场界"等目次,将"课入"名称改为"课程"等。③《中国盐书目录》谓其"体例颇为

① 乾隆《两淮盐法志》,于浩辑:《稀见明清经济史料丛刊》(第一辑第4册),北京:国家图书馆出版社2009年版,第15页。

② 乾隆《两淮盐法志》,于浩辑:《稀见明清经济史料丛刊》(第一辑第4册),第16、19-27页。

③ 嘉庆《两淮盐法志·凡例》,第1-5页。中国国家图书馆藏同治九年刻本。

严谨"①。有同治九年重刊本,《稀见明清经济史料丛刊》(第二辑)收录该志。

光绪《重修两淮盐法志》一百六十卷。曾国荃督修,王定安总纂。《两淮盐法志》自嘉庆十一年重修后,至此时已八十余年,期间盐法多有变革,两江总督管理两淮盐政魏光焘谓《两淮盐法志》"肇修于康熙三十二年,一续于雍正六年,再续于乾隆十三年,三续于嘉庆十一年,自是而变故孔殷矣",所谓"变故",一为陶澍淮北改票;淮北食盐易行而淮南盐业日渐衰疲,于是陆建瀛于淮南改票,而盐法又一变。"发捻苗练之事起,川粤潞私充斥,大湖南北皖军饷盐为害尤甚。自江路肃清,商灶复业,时曾文正公设总栈,置岸局,整轮章,定牌价,盐法至是一新,而淮运乃大畅。惟请引多,势且不给,李文忠公定以循环给运,而纲法与票法乃相互维持于不敝",即曾国藩与李鸿章的两次变革。于是光绪十五年设局编辑,至十八年成稿,后遵部驳修补,更定一千三百余条,所记仍以光绪十七年为限。全书共分为王制、沿革、图说、灶场、转运、督销、催征、邻税、职官、优恤、捐输及杂纪十二门。每门下又有子目,共计九十九目、一百六十卷。该志"宏纲细节,既详且备",史料来源"半出老商世幕之钞传"。② 有续修四库本。

二、长芦

隆庆《长芦盐法志》七卷,方启参修。启参,湖南巴陵人,曾任长芦盐运使。该书现只残存前三卷,收于天一阁,是目前存世最早的《长芦盐法志》。到万历中叶,长芦运使何继高等人又接修万历《长芦盐法志》。四库存目有载,但原书现已不存。

雍正《长芦盐法志》,鲁之裕等修。雍正二年请旨遵修,四年脱稿,共分诏敕、沿革、疆域、职官、公署、灶籍、商政、法制、禁令、官迹、奏疏、古迹、人物、艺文十四门。

乾隆五十七年,徵瑞纂修《长芦盐法志》十八卷,仅存稿本,现藏于南开大学图书馆,该志《中国盐书目录》不载。

嘉庆《长芦盐法志》二十卷,附援证十卷,黄掌纶等修撰。嘉庆十年二月,长芦巡盐御史朱隆阿奏请编修,获允。该书共分为谕旨、天章、盛典、优恤、律令、灶场、转运、赋课、职官、奏疏、人物、文艺、营建、图识十四类。又附援证十

---

① 何维凝编:《中国盐书目录》,收入沈云龙主编:《近代中国史料丛刊续编》(第十六辑),第101页。
② 光绪《重修两淮盐法志·卷首》,《续修四库全书》第842册,第599-600、605-606页。

卷,则分历代优恤、历代律令、历代场灶、历代转运、历代赋课、历代职官、历代奏疏、历代职官(考、传)、历代文艺及历代营建(附古迹)十门。[1] 该书应该是现存对长芦盐法记载最为详细的志书,其正文部分主要记载清代长芦盐法情形,在援证部分考察历代盐法变迁,而非像一般盐法志那样混合论说,此其体例特色。有续修四库本。

三、山东

《山东盐法志》最早于嘉靖年间编撰,共计四卷,由王贵编撰,现已不存;到万历间,又有查志隆纂修《山东盐法志》四卷。查志隆,字鸣治,浙江海宁人,嘉靖进士,官至山东布政司左参政。此次修订,据万历《山东盐法志·公移》载"旧有志书,修辑已经三十余年,嗣后官更吏改,时势既殊,兴革亦异,若不及时纂辑,日久必致遗忘,后人何所稽考",故请重新修订,"旧应删者删之,新应补者补之",获允。[2] 全书共计四卷,现今只有残卷,《四库全书存目丛书》收录北京图书馆所藏万历刻本,存卷一。

雍正《新修山东盐法志》,莽鹄立等修。鉴于"钱粮额引今昔不同,场灶户口兴革迥异,且图样模糊,册籍残缺,实难稽考",雍正二年,长芦巡盐御史莽鹄立上疏,谓"盐法有志,所以备法制而杜争讼也。场灶有图,户口有数,引票有分地,税课有定规,刻之版册,便于率由",提请修志,后雍正谕令各盐场一体通修。全书分为诏敕、沿革、疆域、职官、公署、灶籍、商政、法制、禁令、宦迹、奏疏、古迹、人物、艺文,共计十四门十四卷。此次修订,因为前志遗漏缺损,因此多有遗漏。如明末兵燹重叠,"各官履历及前朝诰命已多湮没",而忠孝节烈因前志记载较少,而又无从稽考,因此亦略。再者山川古迹具载入《山东通志》,本志仅择其梗概,点缀记载。[3] 有台湾《中国史学丛书》本。

嘉庆《山东盐法志》,崇福修、宋湘纂。该志共分为谕旨、天章、盛典、优恤、律令、灶场、转运、赋课、职官、奏疏、人物、文艺、营建、图识十四类。又附援证十卷,则分历代优恤、历代律令、历代场灶、历代转运、历代赋课、历代职官、历代奏疏、历代职官(考、传)、历代文艺及历代营建(附古迹)十门。体例

---

① 嘉庆《长芦盐法志》,《续修四库全书》第840册,第1,6-8页。
② 万历《山东盐法志》,《四库全书存目丛书》史部第274册,济南:齐鲁书社1996年版,第431页。
③ 雍正《山东盐法志》,收入吴相湘主编:《中国史学丛书》(初编),台北:学生书局1966年版,第3-8、19-22页。

一如嘉庆《长芦盐法志》。《稀见明清经济史料丛刊》(第一辑)收录该志。

四、浙江

万历《重修两浙鹾志》二十四卷,王圻撰。圻,字元翰,松江人,嘉靖十年进士,曾任清江知县、云南道御史、山西布政参议等官。关于该书编撰缘起,书中有万历四十二年王圻自序,谓"武陵杨鹤巡按浙江,以《盐规类略》《酉戌沿革》《行盐事宜》三书并旧志授圻增订。遂采其要约,级入各款,令引票之损益、价值之低昂、课额之盈缩、征解之缓急、商灶之疾苦,犁然具载。于浙中鹾务,纪录颇详。然多一时补苴之法,不尽经久之制也。旧志十四卷十三目,是编改为二十卷,仍旧目者凡七,中间差次更易者又半之,盖因类互见,故不复仍旧贯也"[①]。该书有《图说》二卷,附恤灶图一。《诏令》一卷,兼及盐场界域,《盐政》十三卷,举凡各场盐课之办纳、开中、引目、余盐、票盐、通商、恤灶、捕获派则以及盐政禁约,皆纳入其中。《职官表》及《官纪》一卷,《列传》一卷,《奏议》三卷,《艺文》三卷。有四库存目所收吉林大学藏明末刻本,存卷三至二十二卷。

雍正《敕修两浙盐法志》,李卫总裁、傅玉露等撰修。两浙盐法志自万历重修以后,至雍正年间未曾再修,已中断百余年。"其中记载缺略,规条散佚,搜考渐难,编辑宜亟。"编撰工作始于雍正三年,到雍正六年书成。该志一改前志"分条析绪,名例颇繁"的缺陷,将全书比照会典,分为十六门,计诏旨、图说、沿革、课额、引目、场灶、户口、律例、掣挈、成式、奏议、条约、蠲恤、职官、商籍、艺文,共计十六卷,每卷下各有细目。该志条例清晰,足以反映两浙盐政之概貌,但也有一定的缺陷,诚如该志"凡例"所言,"盐法特重赋税,而律度量衡之设,每为学士讴吟所不及,旧志载盖寥寥焉。兹闻见既渺,搜罗未遍,故于历代艺文,并存十一于千百,以备考索"[②]。《中国史学丛书》《稀见明清经济史料丛刊》(第二辑)皆收录该志。

嘉庆《钦定重修两浙盐法志》三十卷(卷首二卷),延丰等修。嘉庆五年,巡视两浙盐政延丰、巡抚浙江等处地方提督军务兵部侍郎阮元上疏提请重修两浙盐法志。以旧志历经七十余载,盐法事务已有巨变,"应请旨重加搜辑,

---

① 万历《重修两浙鹾志》,《四库全书存目丛书》史部第 274 册,第 840 页。
② 雍正《敕修两浙盐法志》,收入吴相湘主编:《中国史学丛书》(初编),台北:学生书局 1966 年版,第 4 - 17,51,59 - 60 页。

务俾现行事宜，得归定准，不特官吏有所稽考，并可使甲散各商，家喻户晓，不致例案混淆"，获允。嘉庆六年成书上呈，七年奉旨改定详勘后，即行刊印。该书亦仿雍正旧志分为十六门，计疆域、图说、额课、引目、场灶、帑地、挈验、奏议、律例、条约、成式、优恤、沿革、职官、商籍、艺文，并在前志基础上有所增补改定。与前志相比，"惟户口并入场灶，而别立帑地门，其各门提纲小序，则视原书较为详晰"。另外，增入雍正五年方才设立的"帑盐"一项。① 有续修四库本。

五、福建

万历《福建运司志》，由江大鲲主修，林泾等总裁，谢肇制等纂修。在该志之前，也就是嘉靖年间，林大有曾撰修过《福建运司志》，该书共计三卷（另有续志一卷），其中，上卷为官属、公署、里至、户口；中卷为古今奏疏、宪台盐政、该司陈略、盐法通志、盐禁律例、水口政记；下卷为官职题名、名宦行迹、艺苑文辞，共计十三目。中国国家图书馆有藏，天一阁所藏曾影印出版，收入《天一阁藏明代政书珍本丛刊》中，为残卷二三卷以及续志一卷。

到万历时期，距离上次修撰又过去六十余年，其间因革损益不无异同，因此，又辑为《福建运司志》十六卷（又名《八闽盐政志》），全书分为区域（含产盐场滩、晒盐法则、行盐地界）、建置（沿革）、秩司（职员、公署）、官政（历官——宋元、国朝）、宪令（台宪、臬宪、案验）、经制（条例十九款）、征输（事宜、引目）、课程（额派）、轨物（器什）、供亿（公费）、刑恤（律例）、名宦（仕迹——宋明）、奏议（疏略）、规画（上：条议、中、下）、文翰、古迹（遗址）十六目，较前志内容更为详致，比如"历官名宦，旧志颇略"，而此志则考"通志、郡志，一一采收"②。《稀见明清经济史料丛刊》（第一辑）收录该志。

道光《福建盐法志》二十二卷卷首一卷，不署撰人名氏。卷首为凡例、诸图、图说；卷一为通考，卷二、卷三为奏议，卷四、卷五为疆域，卷六至八为职官，卷九、卷十为场灶，卷十一为引目，卷十二、十三为配运，卷十四至十六为课程，卷十七为律令，卷十八为关禁，卷十九、二十为成式，卷二十一为优恤，卷二十二为杂录，共计十四门二十二卷，记事截至道光十年七月。该志于盐

---

① 嘉庆《钦定重修两浙盐法志》，《续修四库全书》第 840 册，第 569－570、576－578 页。

② 万历《福建运司志》，于浩辑：《稀见明清经济史料丛刊》（第一辑第 27 册），北京：国家图书馆出版社 2009 年版，第 575 页。

务相关者诸如引数、课额、关禁、成式等内容,皆极细致,然而诸如星野、艺文、山川、古迹等无关于盐法者则略去,这是区别于其他盐区盐法志的重要编撰特征。《稀见明清经济史料丛刊》(第一辑)收录该志。

六、广东

乾隆《两广盐法志》二十四卷(附外志六卷),李侍尧等纂修。清代两广在雍正以前无志,到雍正六年,总督孔毓珣曾经奉旨修撰,然而"谨集成帙,撰序进呈,迨部复之后,竟未成书发刻",到乾隆二十六年,经李侍尧奏明,基于雍正原本,大加考订,条分缕析,到二十七年成书。该志卷首为序文、奏折、凡例、目录、衔名、绘图,后续诸目安排则为:"首述制诏,尊圣谟也;次及律令,重法守也。次奏议,诸例所由请定也。次引饷,次价羡,次转运,次场灶,次经费,次缉私,次职官,次总略,而盐政于是备矣。次载历代以备参考,终附铁志焉。"共计十三门二十四卷。外志卷一为序文、目录、衔名、绘图,卷二为各类备考上,卷三为各类备考下,卷四为杂记,卷五为人物,卷六为艺文。何谓外志?"各类中有事属他省而义可参观者,有他务中偶一二语关涉盐政者,有在外随时酌办未及咨部者,及各商公捐、义举、人物、艺文等类,其事或非切要,或增减无常……不得径从缺略,今仿诸书中外注外篇之例,存之外志,以备考订云",亦为其编撰特色。但因盐所屡迁,复遭大水,故顺治元年至康熙三十二年间的文卷多不存于世,因此这一阶段的盐务事宜,难以尽考,似为一缺憾。①《稀见明清经济史料丛刊》(第一辑)收录该志。

道光《两广盐法志》三十五卷(卷首一卷),阮元等总修,伍长华等纂修。乾隆修志以后,一直未曾增辑。道光元年,奉户部咨令编,督臣阮元檄令运司采辑编撰,旋因阮元调任云贵总督,书未能成。后至道光十三年,户部以国使馆纂食货志咨取两广盐志,总督卢坤乃复设局修辑,十五年始付梓,十六年进呈。全书分为制诏、律令、历代盐法考、六省行盐表(无引盐斤表)、引饷、价羡、转运、场灶、经费、生息、捐输、职官、杂记、铁志等门类,共计三十五卷,"凡涉蹉纲、拆引、转运事宜,悉皆别类分门,详晰著录……较之从前乾隆年间增定旧志,较为周备",如较前志增设了盐表,一目了然;旧志中"奏议"一门混行记载,而该志则将奏议分类记载;将旧志所缺无引盐斤及生息、捐输等门类一

---

① 乾隆《两广盐法志》,于浩辑:《稀见明清经济史料丛刊》(第一辑第35册),北京:国家图书馆出版社2009年版,第35-41页。

并补齐。当然该书亦有缺憾,鉴于"粤东地势低湿,阅年稍久,档案朽烂不全。又康熙三十二年、乾隆四十年、嘉庆十四年省城迭遭大水,案牍鲜存",因此所载多有缺失。[①]《稀见明清经济史料丛刊》(第一辑)收录该志。

除上述两志外,到光绪年间,刘坤一等人又主持修撰《两广盐法志》。该书共计五十五卷,分为制诏、律令、历代盐法考、六省行盐表、引饷、价羡、转运、无引盐斤、缉私、场灶、经费、生息、捐输、职官、杂记等门。

七、奉天

宣统《东三省盐法志》十四卷,清载泽督修,陈为镒等纂。该书分为历史、滩场、旗庄、征榷、督销、转运、职官、禁令、缉私、报销、交涉、叙志十二门,有宣统三年刊本,《稀见明清经济史料丛刊》(第一辑)收录该志。

到民国十七年,王树枏等鉴于盐法纷更,民国与清代盐法已截然迥异,因此重新编撰,取名为《东三省盐法新志》,该书共计四十卷,分为述古、场产、征榷、运销、行政、缉私、法令、交涉、精盐、鱼盐、副产及器用十二篇。有民国铅印本,共计二十册。

第三节　盐业志书类型举要

除了以大盐区为单位进行盐法志编撰外,明清时期还有其他类型的盐法志,它们或详论一代之盐法;或仅就某一盐区的盐业制度、法令变迁等与盐业相关的内容进行介绍,而与之无关者皆不论及;或泛论整个中国历史的盐法变迁;或为介绍某盐运司或某场之盐法志。现分类型举要如下:

一、总论一朝盐法

《清盐法志》三百卷,民国年间盐务署主持编纂。该志记述有清一代的盐法,时间上起顺治,下迄宣统,编年纪事,断代成书。首为通例九卷,次长芦二十九卷,东三省十一卷,山东二十九卷,河东二十一卷,陕西五卷,两淮六十

---

① 道光《两广盐法志》,于浩辑:《稀见明清经济史料丛刊》(第一辑第 39 册),北京:国家图书馆出版社 2009 年版,第 147、152－158 页。

卷,两浙三十卷,福建二十四卷,两广三十卷,四川三十卷,云南十四卷,各依场区分编隶事,最后附录援证一编十三卷。其体例则分为八门:曰场产、曰运销、曰征榷、曰缉私、曰职官、曰经费、曰建置、曰杂纪。八门之中,又按地方情形各设子目。如两淮"场产"门,共分为场区、草荡、灶丁(附保甲)、亭池、盘镦、火伏、垣收、盐色、产额九个子目,各门皆如此设置,极为详尽,故"欲知有清一代盐法得失利弊,与夫兴革损益之故,可于此得其概略"①。有民国九年盐务署铅印本,六十四册。《稀见明清经济史料丛刊》(第二辑)收录该志。

《盐法议略》,清王守基撰。守基,字少芳,咸丰二年进士,曾任户部主事、云南司郎中,先后在山东司治事者二十年,而盐法宗于山东司,因此他对盐务尤其熟悉。该书一共分为九部分,一为长芦,二为山东,三为河东,四为两淮,五为浙江,六为福建,七为广东,八为四川,九为云南,分别论述各盐区情形,阐述盐法变迁,并考察其得失。何维凝《中国盐书目录》评价其"体例严谨,立论敏确"②。

二、通论古今盐法

《盐法通志》一百卷,民国年间著名实业家周庆云所著,该书参酌旧有志书,并广泛搜罗盐法书籍,上溯周秦,下至清末,就历朝历代盐业沿革、制度演变等内容进行辑录,并阐明成因得失,最终厘定为十类,每门又分为若干类目。在民国三年的自序中,作者对此书有简要的介绍:"盐法为政画邦计之属,虽与地志殊别,然记载事实其例相符。各省既有专志,焉能无一书以统之耶?爰将各志抉择荟萃,分为十类:曰疆域、曰职官、曰法令、曰场产、曰引目、曰征榷、曰转运、曰缉私、曰艺文、曰杂纪。事以类聚,文以征信,上溯周秦,下迄清季。凡历朝之沿革,近代之制度,悉胪举于编。旧志缺略,乃取之《盐法备考》及各省新修通志及近时财政说明书。稿创于壬子(民国元年)秋,成于甲寅(民国三年)夏。取渔仲会通志义,名为'盐法通志',都为一百卷。"该志艺文一门独设书目一栏,共计录书一百四十余种,并附录提要,开创了专论盐业书目的先河。所列引证文献皆足征,只是未能详加记述,小有缺憾。有鸿宝斋聚珍本,《稀见明清经济史料丛刊》(第二辑)收录该志。

---

① 何维凝编:《中国盐书目录》,沈云龙主编:《近代中国史料丛刊续编》(第十六辑),第18页。
② 何维凝编:《中国盐书目录》,沈云龙主编:《近代中国史料丛刊续编》(第十六辑),第9页。

《古今鹾略》九卷(补九卷),明汪砢玉撰,砢玉,字玉水,徽州人,崇祯中官山东盐运使判官。该书旁征博引,泛论古今盐法因革,分为生息、供用、执掌、会计、政令、利弊、法律、征异及杂考九门,各为一卷。汪氏针对明末财政匮乏的现状,主张"欲捄今日之弊,足今日之用,莫若行汉人官给牢盆之说,任民自煮。又行宋人转般之法,回船便带",即主官制官运。[①] 又有补九卷,内容悉如正编,分列九门,依类拾遗。有四库存目本。

三、单论某运司盐法

康熙《淮南中十场志》十卷,清汪兆璋、杨大经纂修。所谓"中十场",乃两淮泰州分司所属东台、何垛、丁溪、小海、草堰、栟茶、角斜、富安、安丰、梁垛十场,十场盐产量雄冠两淮,"宇内产盐之省凡八,而两淮为最;两淮产盐之区凡三十,而中十场为最",是清代盐政收入的重要源产地。

明代曾多次谋划修志,弘治年间,徐九霄曾谋划修志,万历时,周继元亦有此议,然而皆未能成事。到天启二年,才由徐光国(字瑞征,浙江常山人,天启二年官泰州通判)、魏公辅撰成《淮南中十场志》四卷,分为图经、建置、星野、风俗、食货、灾眚、疆域、古迹、秩官、公署及赋役等十二门。该志现已不存。康熙十二年,汪兆璋曾评价此志,谓"十场旧无志书,光国蒐求编辑,文献有据。首列总志,而十场各为一编,编列十志,分四卷,举海陬之舆图物产风气人心,莫不群为记载"。

到清康熙年间,由于前志修订"距今五十年,所计此五十年中,时势之变迁,人事之更易,以及礼乐政治之推移,升降不知凡几。况值我国家受天景命,其创造区画有不沿袭于往代之陈迹者,而皆未登诸简策。恐自今以往,此中父老有言之而弗详,或详之而又非其实者矣,将使后之君子无所考镜",为此重新修订,全志分为图经、建置、星野、风俗、食货、灾眚、疆域、古迹、秩官、选举、公署、赋役、学校、武备、坛庙、循良、人物及艺文十八门。第一卷首言图经,附录中十场总图,以及各场四境图;建置则涵括设官、职掌、品俸、衙役;风俗则为岁时及婚丧嫁娶祭等礼仪;食货首列盐,再言禾、麦、菽、菜、卉、木等,盖中十场以盐为大宗;灾眚则就旱涝蝗潮地震等灾害进行记载。第二卷为疆域,则就四至、形胜、城池、坊巷、里图、市镇、街道、山川、河流、古迹等进行罗列。第三卷则为秩官和选举。第四卷为公署(则分司署、盐课司署、养济院、

---

① 〔明〕汪砢玉:《古今鹾略》,《四库全书存目丛书》史部第275册,第528页。

预备仓、盐仓等皆包含其内）及赋役（户口、田粮、盐课、草荡、盘镦、灰亭、卤池、灶房）。第五卷为学校、武备、坛庙、循良。第六卷为人物（分为理学、孝友、笃行、名臣、仕迹、儒林六类）。第七卷亦为人物（分为清修、高隐、尚义、寿考、术艺、流寓、外方、节烈八类）。第八卷为艺文（包括诰敕、碑记）。第九卷亦为艺文（包括碑记、疏、揭、铭、箴、文、启、墓志等）。第十卷为诗。

阅读该志"凡例"，可知此次修订的诸多变化：艺文部分只取关系名教有裨益于风化，为国计民生攸赖者收入，"故汰旧者十之三，增新者十之二"；旧志于艖使备载，但此次修撰，认为十场以分司为专官，非两淮全志，因此删去；旧志于盐业疏揭奏议直接录入一册，不便阅览，今则分类附录于每条之后，比如开垦之疏则附于赋役草荡之下，浚河修堤之疏则附于疆域河堤之下，建仓备赈则附于社仓赈济招抚之下。该志于中十场记事几无所不包，故谓"上下三百年之典故具备于此矣"，"称一方实录矣"。但也存在名目较为繁杂的问题，且各部分安排亦有不合理处，如第五卷学校、武备、坛庙、循良，则彼此互不统属。而第十卷为诗，通常方志编撰亦安排至艺文中，然此处则单列一类，不算艺文。[①]《稀见明清经济史料丛刊》（第二辑）收录该志。

四、单论某场盐法

《小海场新志》，林正清撰，正清，字洙云，福建侯官人。两淮盐区各盐场从无专志，明代曾有《小海志》一本，"《小海志》一本，则从徐光国十场志而分之，非专为小海作也，故择焉不精，语焉不详"。雍正十二年，林氏出任小海场大使。到任后，发现地方史事无考，"风土人情，因革损益，百事茫然，考求成宪，叟胥不知，而场中遗老不知掌故为何事，欲访求一二散佚旧闻，杳不可得，文献无征，未有甚于此地者也"，极大妨碍了其政务处理，"兴作文移，揆情度理"，若有文献可征，则可事半功倍，因此"每叹耳目不留，闻见无寄"，于是他穷尽搜集史料，从新旧两淮盐法志，泰州十场志中择取相关史料细加辨析，"又上考典章，下参舆论"，撰成《小海场新志》，"总期完一场之实录也"。

该志共计十卷：卷一为地理志，论及形势、里至、场治、古城、坊、街、灶、荡、堤、墩、墓、海、河、关、闸、桥等等；卷二为秩官志，介绍了盐课司建置及执掌，洪武以来历任场大使、副使名单，衙役、武职及礼仪等内容；卷三为公署志，包括司署、行署、盐仓、盐义仓等目；卷四为庙祀志，介绍了文庙、社学、社

---

① 康熙《淮南中十场志·序》《凡例》，中国国家图书馆数字方志库。

田、社仓、祠宇、寺观的建设情形；卷五为户役志，介绍户口、总催、工脚、保甲、乡约等情形，而附录"团灶各事宜"，介绍盐业生产资料及生产流程；卷六为额征志，则就小海场的盐斤及赋税征收情形予以介绍，包括折价、水乡、盐课、田粮、贡课等项，并就官员征收之考成则例予以说明；卷七为人物志，则分类就相关人物予以记载，计有科目、武科、贡生、戎职、孝友、懋义、医术、尚义、耆寿、著述、节妇、贞女、孝女等类；卷八为风俗志，就该场的相关习俗进行论说，含五礼、岁时、习尚三目；卷九为土产志，记载该场出产物品，首列盐，次及五谷、酒、草、蔬、木、果、花、羽、毛、介、鳞等类；卷十为灾异志，以时间顺序就该地发生的相关灾害、异象情形予以介绍。

　　该志体例多如《中十场志》，记载内容极为丰富，堪称小海场实录，但在体例方面亦有不尽合理处，如将"著述"一目列入人物志中、"社学"列入庙祀志中。另外该志不载艺文一门，而是在论及各门子目时附录了相应的诗、文、记、议、赋等。该志虽有缺陷，却开创了编撰一场之志的先河，是了解小海场历史演变的重要史料。《中国地方志集成》收录该志。① 类似的志书还有《吕四场志》《两淮通州金沙场志》等。

五、单论一地盐制条规

　　《盐政志》，明人朱廷立撰。廷立，字子礼，湖广武昌府通山县人，嘉靖二年进士。嘉靖八年，以河南道监察御史奉使清理两淮盐政，因此广泛考察古今盐政，作成此书。全书共分为出产、建立、制度、制诏、疏议、评论、盐官（附碑记）及禁约八门，每门各分子目，共计三百九十四目。虽言之全国，但主要详于两淮，"志准两淮而作，并及古今天下诸盐制，以互见得失，于两淮独加详者，乃作志之本意"。②《中国盐书目录》谓"制、诏、疏、议，篇为一目，其繁至此"③。但该志亦有其优势，首先，篇目虽繁，但所列大体皆以时间顺序展开，便于检阅。所有援引俱从实录，凡有所引，必定言明出处。于书之首则将征引书目全行列出，正史、典志、奏议、文集、日记、方志详备。所录皆围绕盐政展开，若有论盐而漫及他事者则略去，而论他事而及盐者，则录入其中。每门

---

　　① 乾隆《小海场新志》，《中国地方志集成·乡镇志专辑(17)》，南京：江苏古籍出版社1992年版，第164－165页。

　　② ［明］朱廷立：《盐政志》，《四库全书存目丛书》史部第273册，第504页。

　　③ 何维凝编：《中国盐书目录》，收入沈云龙主编：《近代中国史料丛刊续编》(第十六辑)，第7页。

介绍之前皆附录小叙,以明了本卷内容的大致情形,并言明编撰目的。本书对于考察中国古代盐业典制及明代两淮盐业政策及变迁皆有裨益。有四库存目本。

《两淮鹾务考略》十卷,不著撰者。各卷目录分别为产盐之始、收盐之略、运盐之事、行盐之地、除盐之害、私盐之律、行盐之赋、督盐之人、论盐之说、论盐之效,专就清代两淮盐务进行概说。有四库未收书辑刊本。

《淮鹾本论》,清胡文学撰。文学,字卜言,浙江鄞县人,顺治十七年任两淮巡盐御史。该书分为上、下两卷,上卷共计十篇,为停兑会、附销不带盐、复三府、关桥掣规、厘所掣、掣江都食盐、淮北改所、撤分司、废兴庄临湖场、草场不加税。下卷共计十五篇,为恤株连、缓倒追、禁私贩、除镟棍、谢游客、简关防祛吏弊、不任承役、宽追比、便销批、公金报、均急公窝引、去江掣弊、酌归纲、省繁费、修书院。有四库存目本。

《淮鹾备要》十卷,清代李澄撰。澄字练江,江苏江都人。该书首卷为行盐疆界图,次分盐之始,始之弊;盐之行,行之地;盐之害,害之法;盐之利,利之久;盐之说及说之效。

(福建)《鹾政全书》(二卷),明周昌晋撰。该志的编撰缘由,在天启七年自序中已经言明:明末,为应对内忧外患,财政匮乏,因此加征引额,地方疲惫不堪,“今岁尚销旧岁之逋而县官病,然商因增引负重不支而商亦病”,盐法不畅,私盐泛滥,亟待去弊。时周昌晋为福建巡按御史,决意整顿盐法。一方面檄文所司“务洁己惠商,通引完课。严客商之玩者,禁私贩之越者”;一方面翻阅典籍,查找、删订相关法令条款,“取盐志及盐政事宜,与分臬林方伯及都运、郡邑商榷删正,剔弊惩玩,而布之章程,因以付梓”[1]。可见,鹾政全书的编撰主要是整顿盐法弊病的现实需要,只是最后附带出版而已。全书分上、下两卷,上卷计盐敕、盐律、盐官、盐署、盐产、盐课、盐饷、盐会、盐运、盐引、盐丁、盐限、盐界、盐仓、盐船、盐牙、盐桶、盐斤、盐秤、盐票二十门,下卷为盐捕、盐籍、盐禁、盐疏、盐议、盐碑六门,是研究明末福建盐法的重要史料。有续修四库本。

《两浙订正鹾规》四卷,明杨鹤撰,胡继升、傅宗龙等补,该书分为征收钱粮总数、支解钱粮总数、边商、内商、票商、功绩盐、场灶、巡缉、禁约、招徕、公费、罪赎各目,各目下又分细则,如“禁约”下则列有:查禁窝家秤手、严禁私贩妄扳平人、严究抢盗官盐、严禁江防乘机抢匿商盐、禁盐徒用强逼买私盐、禁

---

[1] [明]周昌晋:《鹾政全书》,《续修四库全书》第839册,第341-345页。

治棍徒搅扰场所诈害商人、禁店户揭勒、禁关津吊索商人、禁市棍把持、禁革脚盐以祛奸弊、禁革平埠地棍挟诈、禁革积补逞私诬首、禁揭诬起剥官盐、禁贩私卤等细目,是研究晚明两浙盐政的重要史料。

思考与研讨

1. 历代《两淮盐法志》的修撰地皆在扬州,其原因是什么?
2. 思考总结明清时期各类盐法志的修撰动因。

参考文献

1. 何维凝编:《中国盐书目录》,收入沈云龙主编:《近代中国史料丛刊续编》(第十六辑),台北:文海出版社,1975年。
2. 佩弦:《熬波图》,《小说月报》第18卷第2期,1927年。

资料拓展

《两淮盐法志》,志两淮之盐法也。盐政有志,而复志盐法者何?盐政,通诸司提举而志之,于两淮特少详焉尔,然所遗亦多矣。夫盐法出自朝廷,宣之台史,司使诸执事奉而行之。旧志仅以司名,非制矣。夫台史,王朝臣也。附台史于司,紊孰甚焉!文义之凡芜,其细者也。乃别为例,作十二志,凡若干卷,总曰《两淮盐法志》云。

以诏地事者,莫要于图表。图系说,法之大端著矣,先之以《图考》;设官分职,各有攸司,而法始行,次之以《秩官》;官必有所居,廉隅之辨,弘系存焉,次之以《署宇》;区分域限,疆里乃明,莫丽于斯而统治之,次之以《地里》;盐田孳货,上下所由利也,次之以《土产》;利之生,弊之薮也,匪法曷经饬之?次之以《法制》;良法行而亭户之生蕃,次之以《户役》;地利兴于民力,民力殷则铛鬻勤,铛鬻勤则供亿广,次之以《贡课》;贡课足而食因以敷,礼教之兴,斯勃然矣,次之以《人物》;懿行兴而方域之风肃,罔羞于神而神歆之,次之以《祠祀》;庶绩熙矣,幽明莫厥常矣,政成而可述可诏,次之以《宦绩》;稽事考变,以裕见闻,然不可越也,受之以《杂志》终焉。

——嘉靖《两淮盐法志·两淮盐法志叙例》

扫码看看

海盐传奇　第四集

　　http：//tv.cctv.com/2016/03/18/VIDEI7MVIeWVZajM4naHfaAA1603
18.shtml

第五章 海盐文学

海盐的生产、运销活动不仅影响着沿海广大城乡的政治、文化和社会生活，还渗透到发端于这片土地上的文化典籍和各种艺术形式之中，诗词文章、哲学思想中无不透析出浓浓的"盐的文化气息"。更有从盐民中走出的著名诗人、哲学家，形象地描绘出盐民的生活遭遇以及对生活的期望，也反映出盐民不畏艰险、敢于拼搏、团结奉献的精神风貌，是中华文化宝库中独具风采的重要组成部分。

第一节 海盐与诗歌

一、陈椿的图咏诗歌

据张银河所著《中国盐文化史》研究，盐文学最早出现的是盐的神话传说，继而是盐的辞赋小说，盐诗的出现则在唐代，李白、杜甫、刘禹锡、元稹、白居易、李贺等均作有盐诗，而全面反映盐民生活劳作的诗歌唯有天台陈椿《熬波图》。从陈椿《熬波图》的图咏诗歌看，完全是现实主义的艺术创作手法，可以说是中国最早全面反映盐民生活劳作的"史诗"。陈椿《熬波图》42首盐诗大致可分为三类：

第一类是反映盐场基本建设的盐诗：这类诗歌较多，以《起盖灶舍》《开河通海》为佳。《起盖灶舍》诗云：

> 筑团未脱手，桦舍又兴工。
> 运茅上高屋，畚泥矮墙东。
> 所喜手脚健，敢言腰背慵。
> 何以门东南，盖以朝其风。

中国传统建筑,都以坐北朝南为尚。而盐场灶舍为何要门朝东南?陈椿在《起盖灶舍》图说中解释道:"既立团列灶,自春至冬,照依三则,火伏煎烧,晨夕不住。必须于桦上盖造舍屋,以庇风雨……夏月多起东南风,故其屋俱朝东南。风顺可烧火,灶丁则免烟熏火炙之患。"这说明陈椿对盐场实际了如指掌。

《开河通海》诗云:

> 平地海可通,要非一日劳。
> 成云举万锸,落地连千锹。
> 水性元润下,满沟来滔滔。
> 海水无尽时,要在人煎熬。

第二类是反映盐场生产劳作的盐诗:此类诗歌最多,远多于盐场基本建设的盐诗,约占《熬波图》盐诗之半,尤以《车水耕平》《海潮浸灌》两诗为佳。《车水耕平》诗云:

> 场面有凸凹,水力均浸灌。
> 车声接海声,鸦尾衔欲断。
> 将来晒灰时,恐有不平患。
> 但愿天公平,无水亦无旱。

地面总是凹凸不平,但水是平的;车水之声连着大海的涛声,连绵不断;晒灰之时,因地面不平而难以扫灰,但愿老天公平,最好是无水旱之灾。该诗看似实写,实为写意的"一语双关"。其涵义即天下虽然不平,但天理是公平的,希望朝廷能公平些,多些恤民惠民之举,少些扰民掠民之为。从《熬波图》盐诗看,陈椿大都采取素描的艺术手法,如实记叙盐民的生产与生活,但也善用"双关语"来寓实于景,此诗是其代表作,使其盐诗更具深意。

第三类为反映盐场盐民劳作生活的盐诗:陈椿盐诗善于如实记叙、描述艰难生存、饱受煎熬的元代卖盐妇女形象,《卖盐妇》代表了其盐民生活叙事诗的最高艺术成就。诗云:

> 卖盐妇,百结青裙走风雨。

雨花洒盐盐作卤，背负空筐泪如缕。

三日破锅无粟煮，老姑饥寒更愁苦。

道旁行人因问之，拭泪吞声为君语。

妾身家本住山东，夫家名在兵籍中。

荷戈崎岖戍明越，妾亦万里来相从。

年来海上风尘起，楼船百战秋涛里。

良人贾勇身先死，白骨谁知沉海水。

前年大儿征饶州，饶州未复军尚留。

去年小儿攻高邮，可怜血作淮河流。

中原封装音信绝，官仓不开口粮缺。

空营木落烟火稀，夜雨残灯泣呜咽。

东邻西舍夫不归，今年嫁作商人妻。

绣罗裁衣春日低，落花飞絮愁深闺。

妾心如水甘贫贱，辛苦卖盐终不怨。

得钱籴米供老姑，泉下无惭见夫面。

君不见，绣衣使者浙河东，采诗正欲观民风。

莫弃吾侬卖盐妇，归朝先奏明光宫。

陈椿笔下坎坷人生、悲惨遭遇、艰难生计的元代卖盐妇，至今读来，仍有撼人的艺术感染力，令人感同身受，心怀悲切，潸然泪下。这是一个贫苦盐民家庭的"史诗"！

二、盐民诗人吴嘉纪

吴嘉纪（1618—1684），字宾贤，号野人，今江苏东台市安丰镇人。出身于官宦之家，祖父吴风仪为王艮（心斋）学生，其本人受业于祖父的弟子刘国柱。吴嘉纪少时家贫而多病，然勤学苦读，曾为泰州州试第一。二十七岁时，明王朝灭亡，从此隐居海滨，绝意仕进。以"盐场今乐府"诗闻名于世，著有《陋轩诗集》，清代时被称为"诗史"。张謇在为吴陋轩遗像题跋中曾云："往读吴陋轩诗，言煎丁之苦至详，盖先生亦灶民也。""多年以来，謇倡尽变盐法之议，欲使盐与百物同等，去官价，革丁籍，海内士大夫颇有韪之者。会建议于资政院，或有百一之效，亦未可知，有手当救穷人之穷，若陋轩述煎丁苦状，乃无一字不有泪痕者，可云诗不徒作矣。"

据嘉庆《东台县志》记载，吴嘉纪原籍苏州，宋代末年其始祖吴休迁至安丰。据《康熙重修中十场志》云，吴嘉纪"幼负异资，成童时，习举子业，操觚立就，见地迥出人意表"。他隐居东淘，生活贫困，自号"野人"，名其居曰"陋轩"。"陋轩者，草屋一楹，环堵不蔽，与冷风凉月为伴，荒草寒烟为伍，故人尽呼嘉纪曰'野人'，而野人因自号焉。"（陈鼎《留溪外传》）吴嘉纪的诗作中数次提到其陋轩，其《自题陋轩》写道：

风雨不能蔽，谁能到此庐？
荒凉人罕到，俯仰为吾居。
遗病一篱菊，驱愁数卷书。
款扉谁问讯？禽鸟识樵渔。

东淘处于沿海和里下河交界之处，地势低洼，如在釜中，"遇水则洼地每每被淹"，因此东淘多水患。当然，由于东淘近海，盐民往往会遭受水灾、海潮以及飓风的多重侵害。吴嘉纪《陋轩诗集》中单从诗名即可看出灾民之苦，如《朝雨下》《苦雨》《海潮叹》等。康熙四年（1665）年七月三日至六日，飓风肆掠，海潮数长，树木尽折，沿海亭场汪洋一片，数万死尸漂浮水面，惨不忍睹。吴嘉纪《海潮叹》云：

飓风激潮潮怒来，高如云山声似雷。
沿海人家数千里，鸡犬草木同时死。

其《风潮行》对顺治十八年（1661）的潮灾亦有生动记载：

辛丑七月十六夜，夜半飓风声怒号。
天地震动万物乱，大海吹起三丈潮。
茅层飞翻风卷去，男女哭泣无栖处。
海波忽促余生去，几千万人归九原。
极日黯然烟火绝，啾啾妖鸟叫黄昏。

诗歌对"东海煮盐人"的悲惨遭遇寄予了深切同情。盐民除了遭受水患，夏日煎盐也是苦不堪言。吴嘉纪反映灶丁的《绝句》非常典型：

> 白头灶户低草房，六月煎盐烈火旁。
>
> 走出门前炎日里，偷闲一刻是乘凉。

视烈日为乘凉，其煮盐工作是何等辛苦，难怪作者发出慨叹："斯人身体亦犹人，何异鸡鹜釜中煮！"

如果说洪水、飓风、烈日都是天灾，那么灶民所遭遇的人祸更令人唏嘘。清朝初年，灶民赋税异常沉重，虽倾家荡产亦难完税，多挣扎在死亡的边缘。四言古诗《临场歌》写了胥吏巧立名目敲骨吸髓的惨景：

> 豺豻隶狼，新例临场；十日东淘，五日南梁。趋役少迟，场吏大怒；骑马入草，鞭出灶户。东家赀醪，西家割麁；殚力供给，负却公税。……堂上高会，门前卖子；盐丁多言，箠折牙齿。

这些吃人的豺狼即使遇到灾年，也照常催租逼税，"官长见田不见湖，摇手不减今年租"，从而使广大盐丁雪上加霜，遭受双重痛苦。

吴嘉纪的诗歌反映盐民生活细致入微，真切动人，因为他就是苦难生活的经历者，他与贫苦盐民同呼吸、共命运。他在《堤决诗》的序中说：

> 庚申七月十四日，淘之西堤决，俄顷，门巷水深三尺。欲渡无船，欲徙室无居，家人二十三口，坐立波涛中五日夜。

面对此情此景，诗人击水长歌，悲不自胜。妻子过生日，他穷困潦倒，"不能沽酒持相祝"（《内人生日》）；其父母去世无力安葬，竟"一棺常寄他人田"（《七歌》）。

吴嘉纪关心盐民生活，其诗感情真挚，字字血泪，令人畏冷。对此，屈大均《读吴野人东淘集》说："东淘诗太苦，总作断肠声。不是子鹃鸟，谁能知此情？"吴嘉纪身处明清易代之际，生民涂炭，诗人自己也是食不果腹，衣不蔽体，但他没有被苦难的生活击倒，而是立足现实，与广大的盐民朝夕相处，倾听他们的心声，用一支健笔反映盐民的苦难生活，创作了"盐场新乐府"。孔尚任曾将吴嘉纪与屈大均、王士禛并称为当时三大诗人。吴嘉纪被尊称为清初三大诗人之一，创作了"盐场新乐府"系列诗歌，正是源于营养丰厚的海盐文化的哺育，同时吴嘉纪也用其独具风格的诗歌作品丰富了海盐文化的内涵，从而在古代诗歌殿堂中赢得了一席之地！

吴嘉纪生活的东淘,因是大型盐场,云集了许多盐商,加之易代之际,清朝统治者党同伐异,大量明代遗民隐遁草野,而东淘成了他们的首选之地,因为无论从政治还是文化角度,东淘都具有独特的地理优势。东淘虽处长江以北,但毕竟靠近江南政治中心南京,有助于遗民反清复明的行动。同时,从文化角度而言,东淘是名儒王心斋的家乡,王心斋"百姓日用之道"的观点影响很大,使心学更加平民化,在广大盐商、盐民中反响强烈。吴嘉纪生长于这样一个历史文化氛围,其诗歌创作自然会烙上浓重的海盐文化特色。据严迪昌先生《清诗史》研究考证,当时在东淘还形成了"东淘遗民诗群",而吴嘉纪是其中的核心成员,得到了其他诗人的推崇,如周京在《阅宾贤社兄诗集因怀之》云:"吾友十一人,君独拔其类。……高人颜色如可借,我愿从吟松树下!"吴嘉纪长期生活在东淘盐场,对广大盐民灶户的悲惨遭遇了如指掌,他用生花妙笔一一进行了记载,这些作品是海盐文化极其重要的组成部分。

第二节 海盐与小说

明清是中国小说史上的繁荣时期。这个时代的小说从思想内涵和题材表现上最大限度地包容了传统文化的精华,而且经过世俗化的图解,传统文化以可感的形象和动人的故事走进了千家万户。因为两淮盐业在全国重要的影响力,故而不少明清小说均与盐有关,如《红楼梦》作者曹雪芹的先祖是盐官,最熟悉盐官的宦途和家境,《水浒传》作者施耐庵的表亲家是盐官,最了解盐民的情志和悲苦,《镜花缘》作者李汝珍的兄长是盐官,《三国演义》中亦可寻见盐的踪迹,足见海盐与明清小说之间的不解之缘。《水浒传》和《镜花缘》更是与两淮盐区的盐、盐民有关。

一、《水浒传》与白驹盐场[①]

宋人话本有《青面兽》《花和尚》《武行者》等名目,水浒故事其时已在民间流传,至《大宋宣和遗事》记宋江等三十六人聚义梁山泊,已略具《水浒》雏形。水浒故事就是在这一基础上由文人加工写成的,描述北宋宣和年间以宋江为首的一百零八人被逼上梁山,"替天行道"的雄壮故事。它是中国第一部用通

---

① 李洪甫:《〈水浒传〉成书在白驹》,《风景名胜》2002 年第 5 期。

俗口语写成的长篇小说,在文学史和汉语史上都有很高价值。金圣叹《读第五才子书法》这样总结道:"《水浒传》一个人出来,分明便是一篇列传。至于中间事迹,又逐段自成文字。"

小说史的研究者和小说批评家皆认为《水浒传》是一部反映农民起义的古典小说,就作者的家世背景、行迹交谊以及小说本身的情节铺陈和人物塑造的取材而言,《水浒传》所折射出来的历史画卷、梁山好汉的生活原型与张士诚领导的盐民起义有直接的关联。可以说,《水浒传》作者据以加工、创作的生活原型就是张士诚起义,以张士诚盐民起义为背景。专家从《水浒》所述故事、所涉地理方位、所塑人物形象、所用地名和语言与张士诚起义、张士诚家乡、张士诚起义中的人物、地名典故的出处和张士诚故乡的语言特色等进行比较,也佐证了《水浒》与张士诚起义的密切关系。①

(一) 施耐庵与白驹场

1940 年春,一位名叫鲍雨的先生,偶到苏北的白驹盐场,发现了一座施氏祠堂以及被白驹镇人称作"施公墓"的土堆。继而,鲍先生偕文友再次造访,确认这些遗迹与《水浒传》的作者施耐庵相关。1946 年 10 月 29 日的《申报》刊载了这一发现。随之,秦瘦的《白驹场缀语》、王者兴的《施耐庵与张士诚》、喻蘅的《施耐庵事迹之新商榷》,相继在《申报》发表。数年后,1949 年 3 月 15 日的《新闻报》又披露一则震骇秫坛的消息——白驹盐场的一位老学究施逸琴,抄得施耐庵给张士诚幕僚的散曲;又有人出示一本佚名诗集,收有赠施耐庵长子施云清的诗,诗注里明确地指称,施耐庵的《水浒传》写的是张士诚领导的盐民起义:"君作《水浒传》,影射张士诚事。"在那个战乱频仍的年月,《水浒传》以它卓越的美学理念以及迷离的作者传奇倾倒文人,享誉秫坛,也影响了媒体。从此,两淮盐场的白驹镇,也与施耐庵和《水浒传》的旧事遗闻结下不解之缘。

迄今为止,在白驹镇与施耐庵关联的史料中,能够采信的,主要是《兴化县续志》中收录的《施耐庵墓志》以及本志之"文苑"中讲述的张士诚会见施耐庵的故事。施耐庵祖籍姑苏(苏州),元末迁到兴化,后隐居于白驹盐场。在《施氏家谱》中,施耐庵成为白驹施姓的始祖,在施耐庵儿子施让的墓志铭中,作者指述白驹盐场的施家"世居扬之兴化,后徙白驹",成为当地的望族。

---

① 皋古华、曹晋杰:《〈水浒传〉与张士诚起义——〈水浒〉杂考之一》,《水浒争鸣》2001 年第 2 期。

施耐庵虽然中过进士,却与盐民中的一些人过从甚密。著名的盐民起义首领张士诚是距白驹盐场三十里的草堰场人,以贩盐为生,元至正十二年(1352)率盐民起义。施耐庵同情盐民的困苦,他的表弟卞元亨是北极殿聚义的十八弟兄之一,卞元亨为主求贤,请表兄施耐庵出师。施耐庵做张士诚幕僚军师的一段经历,为他创作《水浒》积累了大量素材。张士诚南下后,施耐庵回到并隐居在故里白驹盐场,著述经典文学巨著《水浒》,把自己的理想、抱负和对张士诚的希望全部寄托到这本书中,寄托到宋江的身上。

总之,施耐庵的家居、流离乃至游屐行迹,总是在两淮盐场之间。施耐庵在白驹写的《水浒传》是公认的四大名著之一,其内容又有张士诚起义的影子。因此,它对研究盐城地域文化,有着特殊的意义。

（二）施耐庵与白驹场盐民

元至正二十六年(1366)十二月,朱元璋派徐达、常遇春带领大军,包围了张士诚所占的平江(今苏州),阊门和葑门一带成了战场。传说隐居写书的施耐庵,为了避过战乱,想起了先后做过松江同知和嘉兴同知的好友顾逖。此时顾逖已经辞官回到兴化老家,因兴化地方偏僻,交通不便,一向有"自古昭阳(兴化别名)好避兵"之说。施耐庵给顾逖修书一封,信中还赋诗一首,"年荒世乱走天涯,寻得阳山(兴化)好住家。愿辟草莱多种树,莫教李子结如瓜"(当时民谣:李生黄瓜,民皆无家)。顾逖见信,马上给施耐庵回信,欢迎他来兴化避难,信中言:"君自江南来问津,相逢一笑旧同寅。此间不是桃源境,何处桃源好避秦?!"[①]施耐庵接信后,将大弟彦明留在苏州原籍,带着续娶的妻子申氏、二弟彦才和学生罗贯中,冒着烽烟,渡江北上,来到兴化。先在兴化城居住,后由顾逖帮忙,在兴化以东近靠黄海的白驹场(今白驹镇)买了房屋和田产,一家人便在白驹场定居了。为了表明自己从苏州迁来隐居书写的志向,施耐庵在大门上贴了一副对联:上联是"吴兴绵世泽",下联"楚水封明烟"。

施耐庵在这里,结识了许多农夫和盐民,每当夏夜、冬闲,这些人常来施耐庵处闲聊,街谈巷议,无所不谈。据《盐城县志》所载,一个弓手(盐警一类人物)告诉他,淳熙年间(1174—1189),楚州义士为打抱不平,杀人被流放,途经荒林,押差意欲加害,幸有人暗中保护方得获救,施耐庵以此撰写"野猪林"。另如一农夫告诉他:盐城脚力张俨,唐朝元和末年递牒入京,途遇一异人,画马

① 曹晋杰:《四大名著与盐城》,《江苏地方志》2004 年第 1 期。

缚其足,行走如飞,日达数百里,他又依此写了"神行太保"这个人物。① 特别是施耐庵曾经入幕张士诚,熟悉张士诚军中许多情况,他把这些生活素材都写进了书中。如《水浒传》对宋江的描写是"为人仗义疏财"、深得民心。而张士诚正是这样的英雄人物,他聚众造反前,为人仗义,结交了许多盐民、贫户,"颇轻财好施,得群辈心"②。

　　盐民的劳苦和悲怆,让施耐庵充耳盈目。朝廷的压榨,盐吏、盐商的盘剥,堆积了他的胸中愤懑,施耐庵凭借《水浒传》的百万文字,编织出八百多个神态各异、光华陆离的人物,描摹出八百多副眉眼嘴脸,八百多颗善恶分明、美丑杂糅的灵与命。

　　《水浒传》中的许多人物,如王伦、吴用、宋江、林冲等在白驹场盐民起义军中也可以寻觅到原型。甚至宋江、吴用与王伦之间的关系也与施耐庵和盐民起义军将领张士诚、卞元亨的交往相类似。

　　后来《水浒》不胫而走,抄本传到大明朝廷,朱元璋见了很生气,认为:"此倡乱之书也,是人胸中定有逆谋,不除之贻患。"于是秘密派人将施耐庵捉来,关在刑部"天牢"里一年多。明洪武三年(1370),施耐庵被释放出狱,在返回白驹的途中,病逝于淮安城,终年七十五岁。

　　施耐庵墓,在白驹施家桥东北一处高地上,原墓碑早已不存,后兴化县抗日民主政府于1943年重建,正面刻"大文学家施耐庵先生之墓",背面记述其生平及著述活动。如今,在盐城大丰白驹还建有"施耐庵纪念馆"。

图5-1　耐庵公坊及施耐庵墓(李荣庆摄)

　　① 光绪《盐城县志》卷17《杂类·杂流》,《中国地方志集成》,南京:江苏古籍出版社1991年版,第349页。

　　②《明史》卷123《张士诚传》,北京:中华书局1974年版,第3692页。

（三）施耐庵与盐官子弟卞元亨

明确指认施耐庵与"张士诚部将卞元亨友善"的史料至少有两条，除了《兴化县续志》的"文苑"，另有《吴王张士诚载记》所附的《耐庵小史》。

就现存史料而言，卞元亨以及两淮盐区的便仓卞氏家族似较施耐庵更加出名。卞氏祖世仕宦，盐官子弟李汝珍在《镜花缘》里大加赞叹的淮南便仓卞滨，被写作武则天为选拔百名才女钦点的主考官，那煌煌扬显的卞府，正是名播江左的便仓卞氏家族。

两淮巡盐御史史载德主纂的《两淮运司志》，修成于弘治十三年（1500），与张士诚、卞元亨以及施耐庵所亲历或亲见的元末盐民起义的年代相距不远，所记资料有较高的可信度。《两淮运司志·人物》中记录的卞元亨，极像《水浒传》中的义士好汉："卞元亨，好文学、试剑，膂力过人，能举千斤。尝行遇虎，蹴而毙之。元至正癸巳，受伪聘为主帅。"依信史要求而取舍材料的《两淮运司志》就这样认同了卞元亨受聘于张士诚盐民起义军的史实。

其实，《水浒》里的杀虎，是指曾经做过盐贩头目的卞元亨，为了抗税而杀死残酷似虎的盐官税吏。

《古盐卞氏谱》也载有卞元亨路遇老虎而徒手"蹴而毙之"的载述，《大丰县志》等也多有考证。可见，卞元亨确实是现实生活中的盐贩子，在盐城登瀛桥下杀了被盐民称为"盐虎"的税吏。[1] 所以，卞元亨不仅是历史上张士诚的部将和先锋，还是《水浒》里武松打虎形象和情节的原型之一。

二、《镜花缘》与草堰盐场[2]

《镜花缘》是一部与《西游记》《封神榜》《聊斋志异》同辉璀璨、带有浓厚神话色彩、浪漫幻想迷离的中国古典长篇小说。作者是清代嘉庆时期的著名小说家李汝珍，他以神幻诙谐的创作手法数经据典，奇妙地勾画出了一幅绚丽斑斓的天轮彩图。作为世情小说，《镜花缘》又被称为"才藻小说""学问小说"。

---

[1] 光绪《盐城县志》卷17《杂类·杂流》，《中国地方志集成》，南京：江苏古籍出版社1991年版，第349页。

[2] 参阅曹晋杰：《李汝珍与卞銮——读〈镜花缘〉杂记一则》，《盐城师专学报》1987年第1期。

（一）《镜花缘》写作完成于草堰盐场

清乾隆四十年（1775），监生李汝璜调任板浦场盐课司大使，二十岁的李汝珍随其胞兄来到海州。李汝珍在板浦盐场的生活环境和学术交往，引发了《镜花缘》的成书。但该书不是在一个地方完成的，除了板浦场盐课司的衙署，还有一个地方，即草堰盐场的玉真楼，《镜花缘》正是最终在此完成的。嘉庆六年（1801），李汝璜改调草堰场盐课司大使，李汝珍也携妻小来到草堰，此地距离施耐庵的故居白驹盐场三十里。李汝珍凭借草堰盐场盐文化的人文环境，在玉真楼中，憧憬着美轮美奂的镜花情缘。

（二）《镜花缘》部分内容源自草堰场

李汝珍在草堰场署闲住，听闻大海各种奇观，对灶户烧盐、渔民出海捕捞、潭头小取等海边劳作之事，他都前往留心观游。壮阔的大海和灶户、渔户的劳作给他留下了深刻的印象，《镜花缘》中有不少故事情节，皆其当时海边见闻。

李汝珍想把当时世道不平、朝廷昏庸、官场黑暗、人民受苦之事写一本书，但不知取何书名。他在观游西团海边时，眼前忽然浮现出"海市蜃楼"，使他想起曹雪芹《石头记》口咏宝玉和黛玉的诗句："一个是水中月，一个是镜中花。"李汝珍触景生情，将此书取名《镜花缘》。他对这个书名十分满意，于是在草堰埋头写作《镜花缘》。该书的前半部就是在草堰场署用宋代义井的水磨墨写成的。

李汝珍在草堰场结识了自号疏庵老人的卞蛮，他是施耐庵表弟——盐民卞元亨的后人。他熟识卞元亨跟随张士诚领导盐民暴动的故事，更了解施耐庵写作《水浒传》的掌故，这些对李汝珍写作《镜花缘》大有启迪。《镜花缘》第八十七回文末有卞蛮即疏庵老人的评语："施耐庵著《水浒传》，先将一百八人图其形象，然后揣其性情，故一言一动，无不效其口吻神情。"

李汝珍还从草堰场一带的天宝物华中汲取素材，这些人物和风物在《镜花缘》中闪烁着明亮的光彩。例如：草堰场的卞府有牡丹园，称作"淮南卞仓牡丹园"，花种多是很名贵的"枯枝牡丹"，即主干枯焦，只有开花的分支处有青枝和绿叶。该品种是卞蛮的祖辈——南宋时的卞济之在洛阳做官时从洛阳移栽过来的。①

李汝珍在《镜花缘》第五回《武太后怒贬牡丹花》写到枯枝牡丹，言说牡丹

---

① 光绪《盐城县志》卷17《杂类·杂流》，南京：江苏古籍出版社1991年版，第349页。

园中的两千株牡丹对抗武则天的圣旨,拒不开花,武后令太监用炭火炙烤牡丹催促其开花,"上官婉儿向公主轻轻笑道:'此时只觉四处焦香扑鼻,倒也别有风味'""连那炭火炙枯的,也都照常开花"。其书中还特别强调,"如今世上所传的枯枝牡丹,淮南卞仓最多"。这"淮南卞仓",卞即卞家,仓即盐仓。表明《镜花缘》故事的重要背景之一即淮南草堰场。

三、《三国演义》与盐城

施耐庵在张士诚幕府时,比施耐庵小三十五岁的罗贯中也在这里,两人由此相识。罗贯中老家在太原,少年时随父经商,来往于杭州、苏州,曾拜杭州名士赵宝丰为师。传说张士诚据苏称王,罗贯中抱着经世济民之志,投奔张士诚,可惜怀才不遇,没有得到重用。元至元二十五年(1365),张士诚降元,派人帮助元王朝攻打濠、泗、徐、邳及济宁的红巾军,杀了刘福通,赶走韩林儿。罗贯中对此十分不满,在施耐庵辞别张士诚归隐之后,他拜施耐庵为师,随着施耐庵到江阴坐馆,后又随施耐庵一起迁来兴化白驹。在施耐庵指导下,他专心写作历史小说《三国演义》。施耐庵因《水浒》一书,被朱元璋抓进天牢,罗贯中特地到南京营救。一年后施耐庵获释,罗贯中陪施耐庵从南京乘船返回,不料施耐庵中途染病,只得暂住淮安。不久施耐庵去世,罗贯中护送施耐庵遗体归葬白驹施家桥,而后带着施耐庵的《水浒》手稿,去当时的刻书中心建阳找书坊刻印。他一面为施耐庵整理《水浒》,一面续写自己的《三国演义》,直到去世。

罗贯中聪明好学,在施耐庵指导之下,以陈寿的《三国志》和裴松之所作的注为素材,杂以戏曲轶闻,囊括从东汉中平元年(184)到西晋太康元年(280)近一百年间之事,写作《三国演义》。全书共二十四卷,每卷十节,每节开头有小诗一首,并以七言一句作题。罗贯中随施耐庵住在白驹,对东汉在盐城一带的名士陈琳、臧旻和臧洪父子、陈容及盐渎县第一任县丞孙坚、华佗等多有了解,加上不少民间传说,这些都成为书中的人物素材。

第三节　海盐与哲学

明代,从东台安丰盐场走出了一位平民哲学家——王艮。王艮的灶丁出身及其在海盐产区安丰盐场的自学悟道、问学论道、讲学传道的实践活动,开创了"把社会主流价值和思想民间化、生活化、大众化、普及化、通俗化"的泰州学派。

一、王艮的生平①

王艮(1483—1541)原名银,字汝止,号心斋,明代哲学家、泰州学派的创始人,其先祖在明初"洪武赶散"时从苏州迁至泰州安丰场(今江苏省东台市安丰镇)。王艮为灶籍盐民,在其七岁之时,曾"受书乡塾,信口谈说,若或启之,塾师无能难者"②,但终因贫困"不能竟学"③。后来,其父王文贵在安丰场自煎自贩海盐,辍学在家的王艮随煎盐的父兄做些力所能及的活计,既发挥了辅助劳力的作用,又熟悉了盐业生产、分配等相关知识,并于明孝宗弘治十四年(1501)、弘治十八年(1505)、明武宗正德二年(1507)三次前往山东贩盐,在《年谱》中被讳作"商游四方"。因善于经营,"家日裕",逐渐成为安丰场富户,为他日后专心致志地从事学问和传道打下了经济基础。尤其是第三次往山东经商时,拜谒了孔庙及颜、曾、孟子诸庙,受到很大启发:"谒孔庙,叹曰:'夫子亦人也,我亦人也。'奋然怀尚友之志。"如此夜以继日,寒暑不问,每有所悟,学业精进。其苦心孤诣、踽踽独行的刻苦学习精神,是奇突而又感人的。毫不夸张地说,王艮是一位非常出色的"自学成才"者。但由于王艮失学较早,识字不多,阅读晦涩难懂的儒家典籍十分困难,加之居所安丰场是产盐之地,地处偏僻,没有宿学鸿儒可以为师,王艮只好虚心向人请教,"诵《孝经》《论语》《大学》,置其书袖中,逢人质义"。如有一次,王艮要弄懂"见微知著"的意思,问了几个人都说是"以小见大",可一个说唱艺人却告诉他:"滴雨难为千尺浪,星火能燃万重山。"他这才懂得:事物是发展变化的,有些小事不会

---

① 参见徐靖捷:《明清淮南中十场制度与社会——以盐场与州县的关系为中心》,中山大学2013年博士学位论文,第60—61页。王艮作为著名的理学家,其思想受到研究者的广泛关注,但针对其家族情况进行研究者甚少。日本学者森纪子的论文《盐场的泰州学派》,梳理了安丰场王氏从始迁祖王伯寿至王艮一代的发家史;杜正贞和吕小琴论述了王氏一族在嘉靖年间修建宗庙、编撰族谱、建立宗祠的过程。但徐靖婕通过研究认为,安丰场王氏家族并不是通过王艮的讲学活动才崛起。王艮的曾祖、高祖时代已经通过担任盐场催征官员和修桥等义举积累了一定的财富和社会地位。王艮的讲学活动只是使安丰王氏在更大的范围内被人熟知,而王艮在泰州的活动,又使得他与泰州学派的另一位中心人物王栋交往颇多。

② 《王心斋先生全集(王文贞公全集)》卷1《年谱》,《泰州文献》第四辑,南京:凤凰出版社2015年版,第612页。

③ 张廷玉等撰:《明史》卷283《儒林二·王畿附王艮等》,北京:中华书局1974年版,第7274页。

演变成大事,有些小事可能演变成大事,"见微知著"就是要看到事物发展的后果。以"途人"为师,点滴中的追求终于造就了一位饱学之士。

在十多年的刻苦自学中,他不仅虚心求教,不耻下问,而且强调个人心得:"说经不泥传注,多以自得发明之,闻者亦悦服,无可辩。宗族及各场官民,遇难处事,每就质于先生,立为剖决,不爽毫厘。"即王艮根据自己的理解讲说经书,并不拘泥于原注;有对原注不懂的,他都用自己的解释让人弄得明白。族长知晓他有志于天下,经常以难事来试解,王艮都帮他辨析分清。周围各盐场官民遇到难事来请教,他都能帮助谋划,毫不错讹。其学识胆略,逐渐名扬四方。

明正德六年(1511)六月,王艮读书到深夜,困倦而眠,做了个很怪诞的梦:"梦天坠,万人奔号,先生独奋臂托天起,又见日月列宿失次,手自整布如故,万人欢舞拜谢。醒则汗溢如雨,顿觉心体洞彻,而万物一体、宇宙在我之念益切,因题其壁曰:正德六年间,居仁三月半。"①即朦胧间梦见天塌了下来,压在身上,成千上万的人奔走呼号求救。王艮见状愤然而起,举手一柱托天,还整理了日月星辰。王艮从梦中醒来,惊出一身大汗,顿觉心里洞明,他在家后专门砌一间书房,命名"迟迟轩",劳动持家之余,就独居其中,读书考古,思经悟道。

通过学习,王艮对圣人之道体会愈深,见解愈新。明武宗正德十五年(1520),王艮冲破家庭的重重阻力,不远千里,趋舟南下,过扬子江,经鄱阳湖,远赴江西往游王阳明之门,执弟子礼拜见王守仁。

嘉靖八年(1529),王阳明去世,四十七岁的王艮回到家乡安丰,"自立门户",独立讲学,开始了其思想的奠基时期。此时的王艮,已由识字不多的灶丁,成为一位著名学者,前来求学的人越来越多。他原来的居所已无法容纳纷至沓来的学子。嘉靖十六年(1537),他的弟子出资扩建了讲堂,这就是常为后人称道的"东淘精舍"。在卤气四溢的穷乡僻壤,"东淘精舍"的诞生,无疑是文化的福音。它是王艮传道最重要的讲习场所,王艮的许多重要思想就是在这里产生并传播出去的。

王艮早年的盐民生活及其讲学、论学经历,为王艮"平民思想"的产生,奠定了坚实的基础。他一生保持"布衣学者"的本色,即便学术成就巨大,但灶丁身份毫无变化。直至王艮去世五十年后,其长孙王之垣成为泰州贡生,脱

---

① 《王心斋先生全集(王文贞公全集)》卷1《年谱》,泰州文献第四辑,南京:凤凰出版社2015年版,第613页。

离灶籍成为生员,王艮家族才有了民籍(自由民)的社会地位。

二、王艮的学术思想

清华大学国学研究院院长、中国哲学史学会会长陈来认为,王艮及泰州学派的实际作用和意义在于自觉地把社会主流价值和思想民间化、生活化、大众化、普及化、通俗化,在教化和传播主流价值方面取得了明显的成功。王艮作为泰州学派的创始人,其学术思想集中体现了平民化的思想特色。①

(一)哲学思想

"百姓日用之学"是王艮主要的哲学思想,是其思想的闪光点,彰显了中华优秀传统文化的核心价值,具有鲜明的人民性和进步性。

1. "百姓日用即道"的民本思想

"百姓日用即道"的基本特点就是不分贵贱贤愚,以"百姓"为本,"百姓日用"就是是非标准,"愚夫愚妇与知能行便是道"。②甚至将"百姓日用"视之为检验是否为"圣人之道"的尺度。在王艮看来,凡是合乎百姓日常生活需要的思想学说,就是"圣人之道",否则就是"异端",而"圣人经世,只是家常事"。可见,王艮的"百姓日用之学"所讲的"圣人之道"就是一些贴近生产、贴近生活、贴近百姓的"家常事",是事关百姓生存生活的学问。因此,王艮悉心钻研传播治世之道初始,即受到一些贤明官吏之欣赏,如巡抚、右副都御史刘节,按巡直隶监察御史吴悌等都先后举奏请任其官。正因"道"存在于"百姓日用"之中,故而王艮常以"百姓日用"引导弟子悟道体道,集中体现了小生产者、小市民阶层的要求和愿望,维护了劳苦大众的利益,其民本思想具有反封建的进步意义。

王艮的学说直指封建统治者:"使仆父子安乐于治下,仍与二三子讲明此学,所谓师道立,则善人多,善人多,则朝廷正,而天下治矣。"正由于此,他的学说被斥为"异端",被视为蛊惑人心的理论,而受苦的民众却视之为自身争取平等的理论。因而,这个盐丁出身的儒学者便成了布衣理论的创始人。尽

---

① 参阅陈来:《泰州学派开创民间儒学及其当代启示》,《江海学刊》2020年第1期。
② 《王心斋先生全集(王文贞公全集)》卷2《语录》,泰州文献第四辑,南京:凤凰出版社2015年版,第619页。

管一度囿于历史和时代的局限,曾企望"帝者尊信吾道而吾道传于帝","有王者作必来取法"而"为王者师",达到"使天下明此学则天下治"的目的,但实际上,由于王艮的社会地位限制,统治者受其自身利益的局限并不能接纳他的劝教。"天下明此学"只是从思想上武装了群众,不仅为当时社会底层找到了"官逼民反",官不"爱人"、人必害官的理论依据,也为其后农民起义的行动口号奠定了思想基础。

同时,王艮深受"孔子知本故仕止"影响,认为"太阳从地起,故经世之业莫先于讲学,以兴起人才",故一生布衣,勤于讲学,终未入仕。他对五个儿子"皆令志学,不事举子业"。他的学生弟子除一部分承继其治世之方步入仕途,成为封建统治的卫道士,如户部尚书耿定向、吏部郎中林春,大多数则承继其本质内容,站到了统治者的对立面,拿起理论的武器,揭露封建统治者的昏庸腐败,揭露社会的不平等,成为反封建的勇士,如李贽等。

2."淮南格物"的认识论

王艮创立了自己的"格物说"。因泰州地处淮南,故明末清初硕儒黄宗羲称王艮的格物说为"淮南格物"。王艮认为"格,如格式之格,即后絜矩之谓"。"絜矩",意为度量。他说:"吾身是个矩,天下国家是个方。絜矩,则知方之不正,由矩之不正也。"[①]这就是说,"格物"必先"正己",正己而物正。王艮特别强调只有把握自身之"矩"才能正"方"而使天下"方正"的道理。所以,王艮重视个体修身反己,使"身正而天下归之",明"身安"的重要性。[②]

"正己"就是"正身"。正身应人人平等,包括统治阶级在内,概莫能外。这样的观点,与封建统治者只要求平民百姓"正心",而他们却可以为所欲为的观点有天渊之别。王艮的这种尊重人、重视人的思想观点,正是平民哲学、布衣学者的表现,是维护百姓利益的"绝唱"。

(二)教育思想与实践

孔子开创了具有平民化、社会化特色的先秦儒学,提倡"有教无类"。但自汉代"独尊儒术"以来,儒学成为官学,平民化特色一度荡然无存。王艮力图恢复和发展孔子与先秦儒家的优良传统,他拜谒孔庙,矢志教育,将教育面向"农夫盐丁",践行并发展了有教无类的平民化教育思想。

---

① 《王心斋先生全集(王文贞公全集)》卷3《语录》,泰州文献第四辑,南京:凤凰出版社2015年版,第627页。

② 参阅蔡桂如:《泰州学派王艮民本思想述论》,《湖北社会科学》2009年第12期。

1. 为学不分贵贱

嘉靖初年,王艮从王阳明处学成归来,始在安丰开馆传学。由此到其去世的十二年间,王艮不仅在家乡安丰场构筑"东淘精舍"开门授徒,而且"周流天下",不仅"入山林求会隐逸,过市井启发愚蒙,沿途聚讲,直抵京师",而且先后在南京、广德、孝丰、会稽、泰州等地讲学,培养了大批学生,广泛传播了他的学术思想。王艮不相信"生而知之"的唯心主义天才论,强调后天学习的重要性,认为既然每个人都普遍地具有良知,因此学道便不是某些人的特权,愚夫愚妇也一样可以学道成圣。故而王艮讲学不分老幼贵贱贤愚一律平等看待,只要意愿学习,都为之传道,认真教学。可以说,王艮传授的对象"上至师保公卿,中及疆吏司道牧令,下逮士庶樵陶农吏,几无辈无之",但主要对象是那些未曾做官的"隐逸"平民和"愚蒙"的群众,如农夫、灶丁、樵夫、陶匠、佣工、商贩、渔民以及僧道徒众等。如林春(出身佣工),原是王艮家的童工,王艮让他和子弟一块读书,林春一边读书,一边靠编织草鞋维持生活,后来做了官宦。朱恕,樵夫,常于采樵后往王艮处听讲,据说饿了时就向人讨些浆水和饭而食,听讲以后便负薪高歌而去。尤其是韩贞,少年时砍过柴,给人放过牛,后来以烧窑为生,"布衫芒履,周旋其间",受大家轻视,"不得列座次,惟晨昏供洒扫而已"。在其二十五岁时由朱恕引荐,到王艮处学习。王艮很赏识韩贞,认为他是自己的得意传人。

王艮认为自己一生的使命就是启发愚蒙,因此他成了第一个把哲学从庙堂之上带入民间的人,他把教育对象普及到下层民众。当时王艮乡中的百姓,无论是烧盐制砖打鱼砍柴之人,还是商贩佣人戍卒胥吏之辈,每晚收工后就来王艮家中听讲、论学,不分老幼贵贱,王艮一律平等对待,开平民教育的新风。王艮的传人也贯彻了这一教育方针,如罗汝芳讲学时,不问"牧童樵竖,钓老渔翁,市井少年,公门将健,行商坐贾,织妇耕夫,窃屦大儒,良冠大盗",以至"白面书生,青衿子弟,黄冠白羽,缁衣大士,缙绅先生",一律可作为讲学对象。他视讲学布道为生命,使教育贴近群众,贴近生活。王艮的思想通过他的布道传播,风行东南,遍及全国,名扬四海,被誉为"扶天纲地,维于不堕"的觉世之经,甚至士绅也主动前来拜师求学。

王艮一介灶丁,他生活在封建社会衰落的晚期,置身黑暗社会底层,为求生存、谋发展,他顽强自学,矢志讲学布道。平民化成为王艮教育思想的主要特色,具体表现为教育对象的广泛性与大众化,教育内容的实用性与世俗化,讲学传道方式的实践性与民本化。

2. 乐学思想

王艮在教学中发现，来自底层家庭的学生，感到学术用语深奥，虽用白话解释亦不甚理解；能够学得进去的则在孔孟规矩前畏葸不前；一些世家子弟则露出"燕安气"，即喜欢参加一些体面的学术活动和宴饮，却不知礼仪进退。针对这种种现象，王艮一一指出，正面启发纠正。有规矩才能成方圆，随着学生日益增多，王艮制定了《乐学歌》作为学馆守则，让学生弟子们吟唱践行："人心本自乐，自将私欲缚。私欲一萌时，良知还自觉。一觉便消除，人心依旧乐。乐是乐此学，学是学此乐。不乐不是学，不学不是乐。乐便然后学，学便然后乐。乐是学，学是乐。于乎，天下之乐，何如此学，天下之学，何如此乐。"①他把学和乐视为一物，的确是极好的见解。

王艮作为一个平民学者，从盐民家庭的生活愿景出发，从盐场的社会生活实际出发，写出的《孝悌箴》《乐学歌》《淮扬乡约》等，没有深奥空洞的语言，没有声色俱厉的规定和戒条，更没有高官厚禄的利益诱导，反映了平民百姓对幸福生活的憧憬，对家庭和睦的向往和追求，对社会和谐平等的希冀，书写了中国家规乡约史上一个独特的篇章。尤其是《乐学歌》，简明通俗，寓规劝于歌词，置道理于吟咏，阐明了三层意思：学习是件快乐的事，对于所学的知识，理解得越透彻就越感到快乐；学习是件自省的事，在学习中克服个人的私心杂念能使人感到快乐；学习又是件永续的事，应当学是乐、乐是学地快乐生活下去。

《乐学歌》匡正了弟子们的学习态度，有助于学生学业的进步和品德的养成。王艮传学五年后，外地学生中就有五人中了举人，两人中了进士。在王艮前两批共计三十多名学生中，四成是当地王氏族人，《乐学歌》作为书院的规则，也丰富了王氏的家规。

3. 学以致用

王艮读书治学，特别注重反省，学以致用，从我做起，学名大振。如正德三年(1508)冬十一月，其父守庵公早起，"以户役急赴官，取冷水盥面。先生见之痛苦，曰：'有子而亲劳若是，安用人子为？'遂请出代亲役。自是，晨省夜问，如古礼"。正德十年(1515)三十三岁，"家口日繁，先生督理严密。客来，子弟不整容，不敢见"。正德九年(1514)三十二岁；正德十一年(1516)，三十

---

① 《王心斋先生全集(王文贞公全集)》卷4《杂著·乐学歌》，《泰州文献》第四辑，南京：凤凰出版社2015年版，第634页。

四岁："时诸弟毕婚，诸妇妆奁厚薄不等，有以为言者。先生一日奉亲坐堂上，焚香座前，召昆弟诫曰：'家人离，起于财务不均。'令各出所有，置庭中，错综归之家，众帖然。"①

不仅学名大振，且善名大振。王艮爱民如己，为民请命，维护百姓利益，散财周济贫困，颇有令名。嘉靖初年，家乡疫病流行，死人甚多，王艮广购药材，煮大锅药汤，广泛施舍，不少病人得以痊活。嘉靖二年（1523）正月到六月久旱无雨，七月后又暴雨不止，范堤内外一片汪洋，淮扬大饥，"先生贷真州交游王商人米，得二千石。归，请官出丁册，给赈。米尽以赈饥。状谒巡抚，请大赈。抚公疑其言，先生曰：'有赈册在场官所可稽。'行查官册，验实，大发赈。"②灾害发生后，为赈济饥民，王艮找到老朋友真州（仪征）王姓商人借回二千石粮食救急，请场官按丁册发赈；并向巡抚报告，请求赈灾。巡抚不信，将他关起来，派人监视。王艮却在监内给同拘之人讲学，泰然自若。安丰场的赈灾账册调到，巡抚看了后悔不已，到狱中看望王艮。问读什么书，答《大学》《中庸》。巡抚醒悟，立即发赈。

嘉靖十四年（1535），王艮五十三岁，东台、安丰一带六月大旱，又是一场大饥荒。王艮"出粟周邻里，并劝乡之富者。有卢氏月溪澄，其先世赈饥，曾捐粟一千五百石，先朝旌扬。是岁，感先生言，出豆麦一千石。会御史徐芝南九皋按部，先生请曰：'某有一念恻隐之心，是将充之乎？遏之乎？'芝南曰：'充之。'曰：'某固不忍民饥，愿充之，以请赈于公。计公亦不忍民饥，充之以及民，何如？'芝南慨然发赈。月溪见其子荣，先生谓：'积善之家，必有余庆。'以女孙许配焉"③。在王氏族人们除夕夜尚无粮食起伙的困境下，王艮仍然命令长子王衣拿出自家粮食救济，外出劝富者施赈。正逢御史到地方按察，王艮以良知恻隐之心相请，于是官府慨然发赈，并登门道谢。家住东台场永盛团的富户卢澄，感于王艮的善良，出豆麦一千石施赈。王艮赞卢家是淮海积善之家，遂将孙女许配给卢澄的儿子卢荣。

由于不满封建统治，王艮曾两次拒绝出世为官，但敢于为灶民向官府请命。嘉靖十七年（1538），"安丰场灶产不均，居民争讼，几十年不决。时运佐王公、州守陈公理其事，谋于先生，先生建议曰：'裂土封疆，王者之作也。均分草荡，裂土之事也。其事体虽有大小之殊，而于经界受业则一也。是故均

---

① 《王心斋先生全集（王文贞公全集）》卷1《年谱》，第613页。
② 《王心斋先生全集（王文贞公全集）》卷1《年谱》，第615页。
③ 《王心斋先生全集（王文贞公全集）》卷1《年谱》第617页。

分草荡,必先定经界。经界有定,则坐落分明。上有册下给票,上有图下守业,后虽日久,再无紊乱矣。盖经界不定,则坐落不明,上下皆无凭据,随分随乱,以致争讼。是致民之讼,由于作事谋始不详,可不慎与?'二公喜得策,记里定亩,按户立界,民遂帖然乐业云"[1]。即盐场有豪灶兼并草荡,灶户们原先分配到的燃料草荡渐被侵没,不但课税负担难以完成,连自己的生活都失去了依靠。安丰场发生了草荡灶产不均、贫者多失业、灶户两极分化,甚至还有角斜场的盐课要安丰场代缴的额外负担。王艮经过深思熟虑,于嘉靖十七年(1538)向场官们提出了《均分草荡议》,强调重新丈量,明确地界,制好清册,给予信票,由地方官将东临黄海的两万七千多亩草荡,平均分给了一千五百多名灶丁,解决了争议已久的民生问题。嗣后,兴化县令傅佩、御史洪垣也在其辖区进行调查和丈量,拘豪强、收占地、复草荡、还民户。这些建议,使灶民的生活得到了一定程度的改善。

王艮一生周游四方,布衣传道。王艮注重口传口授,道理浅显易懂。族弟王栋、儿子王襞继承了他的学说,并致力于传授、传播王艮的思想,泰州学派从此名扬天下,步入了兴盛时期。"家藏王氏之书,人传安丰之学"成为当时中国东南一带的风尚。据《东台县志》记载,当地民风淳朴,"其秀者,敦诗说礼,优入宫墙,即起家科第,亦代不乏人;其愚者,安耕凿,甘煎办,早输国课,奉法循礼""自王心斋先生崛起安丰,至今百余年来,倡明理学者相继接踵,素封之家,稍事奢侈,然不至踰制也"[2]。

王艮不仅重教,更是尊师的楷模。王艮讲学别出心裁,按礼制着深衣、戴五常冠,"行则规圆矩方,坐则焚香默识"。他不仅在从学期间尊师好学,"侍(候)朝夕",而且在王守仁去世后,还"迎丧桐庐,协同志经理其家","往会稽会葬",并照料其后人。这样的矢志不渝、尊师重道的品德,是值得后人学习的。

三、王艮开创泰州学派的历史影响

王艮的学术思想、治学态度和人格魅力,感召了一大批学人师从门下,续

----

[1] 《王心斋先生全集(王文贞公全集)》卷1《年谱》(门人张峰纂),泰州文献第四辑,南京:凤凰出版社2015年版,第618页。

[2] [清]周右修、蔡复午等纂:《东台县志》卷15《风俗》,据中国方志丛书,台北:成文出版社有限公司1970年版,第619页。

其学说，最终形成对后世有巨大影响的思想派别——黄宗羲在《明儒学案》中所称的"泰州学派"。

史学家白寿彝在《中国通史》中写道：王艮"创建的泰州学派，是我国学术史上第一个具有早期启蒙色彩的学派"，"他所创建的富有平民色彩的理论，虽不能摧垮专制的封建统治，亦无力冲决封建伦理纲常的藩篱，但是闪烁着启蒙色彩的理论，他以'万世'师自命的'狂者'风格和鼓动家、传道者的热忱，以及从事平民教育、传道讲学而终身不入仕途的'气骨'，却深得下层百姓的拥护，而且成为泰州学派的思想传统"。

由于其灶籍盐民的出身，王艮没有机会接受系统的教育，缺乏必要的哲学修养，故而难以构筑出完整的思想体系。然而，王艮及其学派重要的并不在其理论体系上的成就，而在于其所倡导的平民化儒学在社会下层的广泛影响。王艮创学传学，子弟众多，名声很大。其弟子及再传弟子遍布全国，"几无省无之"，"门下皆海内名贤"。其一传至五传有名可查的共有487人，至九传弟子人数则在1 136人以上，他的弟子载入《明史》中的有二十余人，编入《明儒学案》者三十余人，其中不乏业绩突出的重要传人，这些传人均成为著名学者，如林春、王栋、徐樾、王襞、颜均、李贽、罗汝芳、何心隐、焦竑、袁宏道、汤显祖、徐光启、夏完淳、毛奇龄、邵廷采、李塨、吴嘉纪等。他还继承了孔子"有教无类"的优良传统，体现了其哲学思想的平民化。虽说其学生门徒"上至师保公卿，中及疆吏司道牧令，下逮士庶樵陶农吏，几无辈无之"，但以下层平民百姓居多，计有农夫、樵夫、陶匠、盐丁等。

王艮传道的方式多指百姓日用而化人，他说："圣人之道无异于百姓日用，凡有异者皆谓之异端。"无疑他对平民抱有同情之心，而且凭他寒微的出身也体悟不到不可为学的道理。可尽管如此，他却并不以物质利益为重，其主要的兴趣在于伦理教化。他犹如一位高德长者，积极向大众敷陈义理，启蒙发愚，务使其各归于善。在王艮眼里，百姓日用即是判断是否符合圣人之道的标准，"百姓日用条理处，即是圣人之条理处"[①]。他把圣人与百姓完全等同起来，将所谓的"愚夫愚妇"当成了天生的圣人，他满怀热情到处传道，吸引更多的人来从学，反映了其学派的平民化特点，"泰州学派趋向于平民化，重视个体以及个体的自愿，突出自我的力量，反叛外在天命，等等，这些思想不同于主流的儒学，而与近代的启蒙思想呈现出某种相通之处，可以说，它

---

① 《王心斋先生全集（王文贞公全集）》卷2《语录》，《泰州文献》第四辑，南京：凤凰出版社2015年版，第620页。

在相当程度上为中国思想的近代走向提供了重要的理论资源"①。黄宗羲曾评论王艮及其泰州学派曰:"诸公掀翻天地,前不见有古人,后不见有来者。释氏一棒一喝,当机横行,放下挂杖便如愚人一般。诸公赤身担当,无有放下时节。"②比较真实地反映了泰州学派背离儒家名教正统、独树一帜的学风。

王艮的思想与盐密切相关,其思想的闪光点及其局限性都与其"盐民"身份有关,是灶丁生活赋予了王艮"百姓日用即道"哲学思想及其平民化教育思想的基础,同样是盐民身份,决定了其思想体系不够完整的极大局限。王艮由于非经院出身,一生文辞著述很少,着重口传心授,使"愚夫愚妇"明白易懂,这成了泰州学派的特色之一,正如学者们所述评:"泰州学派最突出的特点,是具有浓郁的平民化色彩和狂者的品性,并注重对自我价值的追求,因此这一学派在晚明大为流行。"③

今天,盐城安丰人民为了纪念这位先贤哲人,建了占地二十亩的"心斋园",在院内重修了王艮讲学的"东淘精舍"。精舍内陈列着王艮、王栋、王襞的著作以及专家学者对王艮及泰州学派的评价及其师承弟子的有关资料。王艮、王襞墓园的中心矗立着两米多高的王艮塑像。王艮的再传弟子、平民诗人吴嘉纪的塑像亦在园中。

思考与研讨

1. 总结盐业诗人及作品的特点。
2. 了解王艮泰州学派与盐场的关系。

参考文献

1. 朱兆龙:《王艮传》,南京出版社,2011 年。
2.《吴嘉纪诗笺校》,上海古籍出版社,1980 年。

---

① 参阅杨国荣:《中国思想中的泰州学派》,《江海学刊》2020 年第 1 期。
② 黄宗羲撰:《明儒学案》卷 32《泰州学案》,文渊阁《四库全书》本,上海:上海古籍出版社 1987 年版,第 457 册,第 505 页。
③ 郑师渠总主编:《中国文化通史·明代卷》,北京:北京师范大学出版社 2009 年版,第 174 页。

资料拓展

【清】吴嘉纪诗
绝句
白头灶户低草房,六月煎熬烈火旁。
走出门前炎日里,偷闲一刻是乘凉。

小舍煎盐火焰举,卤火沸腾烟莽莽。
斯人身体亦犹人,何异鸡鹜釜中煮!

今年春夏雨弗息,沙柔泥淡绝卤汁。
坐思烈火与烈日,求受此苦不可得。

海潮叹
飓风激潮潮怒来,高如云山声似雷。
沿海人家数千里,鸡犬草木同时死。
南场尸飘北场路,一半先随落潮去。
产业荡尽水湮深,阴雨飒飒鬼号呼。
堤边几人魂作醒,只愁征课促残生。
敛钱堕泪送总催,代往运河陈此情。
总催醉饱入官舍,身作难民泣阶下。
述异告灾谁见怜?体肥反遭官长骂。

【唐】李白《梁园吟》(节选)
玉盘杨梅为君设,吴盐如花皎白雪。
持盐把酒但饮之,莫学夷齐事高洁。

【唐】白居易《盐商妇》
盐商妇,多金帛,不事田农与蚕绩。南北东西不失家,风水为乡船作宅。
本是扬州小家女,嫁得西江大商客。绿鬟富去金钗多,皓腕肥来银钏窄。
前呼苍头后叱婢,问尔因何得如此?婿作盐商十五年,不属州县属天子。
每年盐利入官时,少入官家多入私。官家利薄私家厚,盐铁尚书远不知。

何况江头鱼米贱,红脍黄橙香稻饭。饱食浓妆倚柁楼,两朵红腮花欲绽。

盐商妇,有幸嫁盐商。终朝美饭食,终岁好衣裳。

好衣美食有来处,亦须惭愧桑弘羊。桑弘羊,死已久,不独汉时今亦有。

【宋】柳永《煮海歌》

煮海之民何所营? 妇无蚕织夫无耕。衣食之源太寥落,牢盆煮就汝轮征。

年年春夏潮盈浦,潮退刮泥成岛屿。风干日曝咸味加,始灌潮波增成卤。

卤浓咸淡未得闲,采樵深入无穷山。豹踪虎迹不敢避,朝阳山去夕阳还。

船载肩擎未遑歇,投入巨灶炎炎热。晨烧暮烁堆积高,才得波涛变成雪。

自从潴卤至飞霜,无非假贷充馉粮。秤入官中得微直,一缗往往十缗偿。

周而复始无休息,官租未了私租逼。驱妻逐子课工程,虽作人形俱菜色。

鬻海之民何苦辛,安得母富子不贫。本朝一物不失所,愿广皇仁到海滨。

甲兵净洗征轮辍,君有余财罢盐铁。太平相业尔惟盐,化作夏商周时节。

【清】孔尚任《西团海上村》

东港天边水,西团海上村。百夫皆有长,小吏更能尊。

两脚平垂柳,潮头直到门。乡关无向定,怅然立黄昏。

【宋】周邦彦《少年游·并刀如水》

并刀如水,吴盐胜雪,纤手破新橙。锦幄初温,兽烟不断,相对坐调笙。

低声问向谁行宿,城上已三更。马滑霜浓,不如休去,直是少人行。

扫码看看

海盐传奇 第五集

http://tv.cctv.com/2016/03/21/VIDE7jFGkhQCxMsWkvkekvOI16032

1.shtml

第六章　盐商文化

为了确保海盐专卖目的的实现,历代的统治者针对海盐特点和社会群体不断从中谋取利益的情况,创造出渗透于存储、运输和销售过程每个环节的缜密的管理体系。正是如此完整细致的管理方法的实施,孕育了盐商这个特殊的社会群体。在中国古代历史上,尤其到了明清时期,盐商成为当时社会上较为凸显的一个群体。他们拥有自己相对个性化的行业信仰。部分盐商热衷于儒学,凭借自身相对较高的文化素养以及巨额财富,得以结交、聚拢大量的文人雅士。对于教育的投资不仅让盐商子弟更多地进入仕途,也让其他学子享受到了优质的教育资源,这些行为都有力地推动了地方文风的兴盛。盐商积极而又广泛地参与各类社会公益慈善事业,则有力地推动了城市建设,完善了社会救助体系。相较于普通人群,盐商们豪奢的生活方式,则为园林、戏曲、饮食等方面的创新提供了原动力,当然,这种生活方式也不可避免地给当时的社会风气带来了恶劣影响。盐商群体身上的种种文化现象及其所造成的社会影响值得仔细研读与品味。

第一节　盐宗祭祀

中国盐区分布广泛,形成了各地迥异的盐业信仰与崇拜体系。即便仅就海盐产区而言,各处信仰也不一致,但被供奉并广泛接受的盐业信仰则为盐业三宗,即产盐之宗夙沙氏、经盐之宗胶鬲、管盐之宗管仲。[1] 虽然盐宗信仰历史久远,但是真正建立祠庙进行崇奉则要到汉代以后。明代泰州建有管王庙,用来供奉管仲。清代泰州、江都所建盐宗庙,则同时供奉盐业三宗,大殿正中供奉的是夙沙氏,左右则以胶鬲与管仲配祀。泰州盐宗庙位于泰州城内天宁桥西小香岩侧,乃同治元年两淮盐运使乔松年所建。而江都盐宗庙则在

---

① 于云洪、王明德:《盐业神祇谱系与盐神信仰》,《扬州大学学报》2015年第3期,第109页;徐胜男:《论盐神信仰及盐神司财现象》,《盐业史研究》2020年第1期,第63页。

南河下康山旁,乃同治十二年两淮众盐商捐建。[1] 现今扬州仍存盐宗庙遗址,坐落在康山街二十号。现存建筑面积约二百八十平方米,共有前后三进,分别为门厅、照厅、祠堂。门头石额"盐宗庙"为建庙之初的原物,弥足珍贵。盐宗庙虽历经百年风雨,但屋面、墙体及整体构架仍可见古朴之风。盐宗庙是盐商们举行祭祀的场所,由于三人被认为是产盐、贩盐及管盐的始祖,涉及盐业运作的产出、销售及管理环节,故盐商们对三人进行崇祀,祈求盐业兴旺,自己能够从中渔利。

一、产盐之宗夙沙氏

海盐蕴藏于海水之中,需要人工采集方可获取。而夙沙氏据传就是首先进行人工制盐者。夙沙也作宿沙,据《太平寰宇记》载,"宿沙氏煮海,谓之'盐宗',尊之也",彰显了其对海盐生产的开创之功。对于夙沙的认知,目前学术界存在着诸多不同意见。比如夙沙是否真实存在?到底是个人还是部落?是哪个时代的人或者部落?对于夙沙的地理位置,又有所谓山东胶州说、山东寿光说、山西运城说以及江苏盐城说四种。而原始典籍记载又多有混乱矛盾之处,短期内难以证实。郭正忠先生主编的《中国盐业史(古代编)》一书经过各种史料辨析,认为有两点可以明确:"一、夙沙氏是一个长期居住在山东半岛上的古老部落,和传说中的洪荒时期的炎帝部落有着密切的联系;二、夙沙部落长期与海为邻,不仅首创了煮海为盐,而且大概在商、周之际,就已在当地推广和普及煮盐。"[2]而后世供奉的夙沙氏多被认为是夙沙部落的首领。

二、经盐之宗胶鬲

胶鬲,生卒不详,乃殷商末年人,以贩卖鱼盐为生,后为周文王所得,进献给商纣王。传言他是周王安插在商朝中的军事间谍,据《吕氏春秋》载:文王去世后,武王曾派遣周公旦到四内这个地方去迎接胶鬲,与其歃血立盟,令其暗中收集信息,策反军队,许诺事成之后增加财富三等,并担任头等官职。

武王伐纣行军到了鲔水,纣王派遣胶鬲刺探军情,武王亲自接待了胶鬲。

---

① 光绪《江都县续志》卷12(上)《建置考第二上》,《中国方志丛书·华中地方·第二六号》,台北:成文出版社1970年版,第728-729页。

② 参见郭正忠主编:《中国盐业史(古代编)》,北京:人民出版社1997年版,第21-22页。

胶鬲询问武王何时到达,武王回复说甲子日到达,可如实禀报。胶鬲离开后,天降大雨,昼夜不停,但武王仍坚持快速行军,军师则认为士兵困乏,请求停军休息。然而武王指出:自己已与胶鬲约定甲子之期,若不能按时到达,胶鬲将失信于殷纣,必定会被杀掉,自己不愿意看到这种局面。于是催兵疾进,按期赶到。待军队到达后,纣王已列兵迎战,然而由于胶鬲等人对士兵的提前策反,士兵倒戈,纣王大败。[①] 由此可见,胶鬲为牧野之战的胜利立下了汗马功劳。

胶鬲肯定不是中国历史上第一个贩卖鱼盐的商人,后世盐商之所以将他奉为盐宗之一,可能是因为他是现存史书记载最早的盐商,加之名声较大的缘故。

三、管盐之宗管仲

相较于夙沙氏与胶鬲,关于管仲的历史记载则要丰富许多。管仲,字仲,名夷吾,据传是颍上人。其生年不详,大致在公元前 730 年左右,卒于公元前 645 年。管仲的父亲名叫管庄,是齐国的大夫。但到管仲成年时,已经家道中落。穷困的管仲为了谋生,曾与鲍叔牙合伙经商,并因此结下了深厚的友谊。公元前 698 年,齐僖公驾崩后,太子诸儿即位称齐襄公。其时国政混乱,管仲辅佐公子纠逃亡到鲁国,而鲍叔牙则保护公子小白逃到了莒国。等到齐襄公因政变遇害后,逃亡在外的小白与纠都谋划尽快回国夺取王位。其时公子小白已先行出发回齐,管仲为了使纠能够登上王位,率众于莒国回齐的路途中伏击小白,结果箭射在了衣袋钩上,小白装死骗过管仲,因此逃过一劫,并在鲍叔牙的协助下顺利回国登上王位,就是历史上赫赫有名的齐桓公(前 685—前 643 年在位)。齐桓公即位后,鲍叔牙极力举荐管仲,指出其胆识过人、有治国之大才。齐桓公听从他的意见,非但没有报一箭之仇,反而任用管仲为相。管仲也确实未辜负鲍叔牙及桓公之信任,为相后,在政治、经济、军事、外交等方面对齐国进行了一系列的深刻改革。诸如将国家行政区划重新划定,规定士、农、工、商按区分住,不得随意迁徙;在人才选拔方面主张不限出身,唯才是举,并进行定期业绩考核,决定升降;在军事方面则寓兵于农,军政合一,极大提升了军队的战斗力;提倡毋夺农时,确保农业生产适时进行;改革土地制

---

① 参见[汉]高诱注:《吕氏春秋》卷12《诚廉》,上海:上海书店 1986 年版,第 121 页;卷15《不广》,第 175 页。

度,将公田分给农户耕种,并根据土地肥瘠情形征收差额田税;积极发展工商业,鼓励跨国经营;在外交上则尊王攘夷、亲近邻国,联合中原各诸侯击败北方少数民族,等等,这些改革举措极大地提升了齐国的综合国力,最终成就了齐桓公的一代霸业。

管仲之所以被奉为管盐之宗,与他在齐国进行的一项重大经济改革有关,即食盐官营政策。据《文献通考》载:"三代之时,盐虽入贡,与民共之,未尝有禁法。自管仲相桓公,当时始兴盐策,以夺民利,自此后盐禁方开。"可见夏、商及西周时期,国家并不对盐业征税,而是以实物形态进行贡纳。即便到春秋早期,盐业也是可以自由贸易的,并未受到国家的严格管控。直到齐桓公时期,对盐业进行征税方在齐国首先施行。

当时齐桓公为了壮大齐国国力,意图扩大税源,遂咨询管仲的意见。据《管子·轻重甲》载:

> 桓公曰:"寡人欲藉于室屋。"管子对曰:"不可,是毁成也。""欲藉于万民。"管子曰:"不可,是隐情也。""欲藉于六畜。"管子对曰:"不可,是杀生也。""欲藉于树木。"管子对曰:"不可,是伐生也。"[①]

《管子·海王》载:

> 桓公问于管子曰:"吾欲藉于台雉,何如?"管子对曰:"此毁成也。""吾欲藉于树木?"管子对曰:"此伐生也。""吾欲藉于六畜?"管子对曰:"此杀生也。""吾欲藉于人,何如?"管子对曰:"此隐情也。"[②]

以上资料可见:管仲对于桓公所言向房屋、人口、牲畜、树木、田亩等进行征税的行为,均表示反对,他认为向房屋征税其实就是要百姓毁掉房屋,向牲畜征税就是要百姓杀掉牲畜,向林木征税就是要百姓毁掉林木,向人口征税会导致百姓隐瞒人口。可是如此一来,又该怎样扩大税源、依靠什么来治国呢?管仲给出的对策是"唯官山海为可耳",即由国家对山海资源进行专管专营。那么,如何"官山海"呢?管仲提出的方案在于"谨正盐筴",即执行征税于

---

① [唐]房玄龄注,[明]刘绩补注,刘晓艺校点:《管子》卷23《轻重甲八十》,上海:上海古籍出版社2015年版,第452页。

② [唐]房玄龄注,[明]刘绩补注,刘晓艺校点:《管子》卷22《海王·第七十二》,第421页。

盐的政策。

何谓"正盐筴"？管仲进行了具体的阐述：

> 十口之家，十人食盐；百口之家，百人食盐。终月，大男食盐五升少半，大女食盐三升少半，吾子食盐二升少半。此其大历也。盐百升而釜。令盐之重升加分强，釜五十也。升加一强，釜百也。升加二强，釜二百也。钟二千，十钟二万，百钟二十万，千钟二百万。万乘之国，人数开口千万也。禺筴之，商日二百万，十日二千万，一月六千万，万乘之正九百万也。月人三十钱之籍，为钱三千万。今吾非籍之诸君吾子，而有二国之籍者六千万。使君施令曰："吾将籍于诸君吾子。"则必嚣号。今此给之盐策，则百倍归于上，人无以避此者，数也。[①]

大意是说：盐是百姓日常必需品，任何人都要买食，差别只在于食用量不同。如果国家提升盐斤的价格，即便增加很少的份额，但因为拥有庞大的人群基础，政府一样可以获得巨额财源。加价于盐，较之直接加税于人丁更为隐蔽，难于察觉，因此也更能为百姓接受。更为重要的是，人们只要食盐，就无法逃避税收。

当然，要实现这一目标，显然不能够再让商人随便买卖贩运，而是由国家对盐业资源进行垄断经营，控制生产与运销。在利用盐对国内进行征税的同时，也利用齐国产盐这一独特的自然优势，以及周边国家必须食盐而又缺乏盐产资源的缺陷进行谋利，管仲提出了具体的做法：

> 管子曰："阴王之国有三，而齐与在焉。"……今齐有渠展之盐，请君伐菹薪，煮水为盐，正而积之。"桓公曰："诺。"十月始正，至于正月，成盐三万六千钟。召管子而问曰："安用此盐而可？"管子对曰："孟春既至，农事且起。大夫无得缮冢墓，理宫室，立台榭，筑墙垣。北海之众无得聚庸而煮盐。若此，则盐必坐长而十倍。"桓公曰："善。行事奈何？"管子对曰："请以令粜之梁、赵、宋、卫、濮阳。彼尽馈食之国也，无盐则肿。守圉之国，用盐独甚。"桓公曰："诺。"乃以

---

① ［唐］房玄龄注，［明］刘绩补注，刘晓艺校点：《管子》卷22《海王·第七十二》，第421页。

令使粜之,得成金万一千余斤。①

即通过限制齐国盐业生产产量,从而控制市场的盐业投放量,进行提升盐价,再行出口至需要盐斤的国家,从而谋取巨利。

管仲主张国家对盐业予以控制与利用,根本目的在于增加国家财源,这对当时齐国崛起称霸起到了巨大的推动作用。而更重要的意义则在于其对帝制时代国家盐业政策的取向产生了深远影响。自汉代以后,历朝历代基本仿行管仲之法,并不断进行政策调整,牢牢管控着盐业,使之成为国家财政的渊薮。基于此,管仲才被后世奉为管盐之宗。

第二节　盐商与地方文风

明清时期的诸多盐商,在选择业盐之前,曾经接受过长短不等的儒家传统教育,但因种种原因放弃了通过读书进而科举仕进的道路:或因屡次科考受挫而经商,两浙盐商吴观均少年时期就富有经济才学,作文提笔即成,然而"屡困场屋,遂弃举子业,业鹾";或因家贫经商,歙县人许大辂自小聪颖异常,读书一目十行,后因"家贫,弃举子业,治鹾";或因无意于仕途而经商,歙县人吴鼎英少年即富有宏图伟业,但目睹明末政治黑暗,局势动荡,于是"不乐仕进,弃儒业鹾";或因家业需要继承而经商,歙县人鲍立然的父亲业盐两浙,后因父亲去世,遂"弃举子业,与兄业鹾"②。但他们依托于盐业经营提供的财富基础,依旧延续着研读经史、吟诗作赋的生活习惯,也与大量人文雅士保持着密切的交往,同时,他们大量投资教育,为子弟提供优良的教育资源,为科举仕进铺路。盐商对于儒学或者说儒业的喜好与投资,极大地推动了地方文风的兴起。这主要表现在:

一、喜好儒业,结交儒士

盐商出于对儒学的喜好,往往在经商间隙仍不断地学习,因此拥有较高

---

① 〔唐〕房玄龄注,〔明〕刘绩补注,刘晓艺校点:《管子》卷23《轻重甲八十》,第452－454页。

② 〔清〕延丰等纂修:《钦定重修两浙盐法志》卷25《商籍二》,《续修四库全书》第841册,上海:上海古籍出版社2002年版,第574－575、586页。

的文化素养，能够著书立说，颇有文名。如两淮盐商马曰琯"好学博古，考校文艺，评骘史传，旁逮金石文字"①；江春则"工制艺，精于诗"②。山东盐商高瑾长于作诗，著有《藉青书屋集》；范秉文亦长于诗，著有《九点山房集》《南游诗草》。长芦盐商张霖"天才不羁，尤嗜学，为诗、古文、词，卓然成一家言"；盐商查为仁则"性嗜读书，才名藉藉……于书无所不读，其为诗通脱警悟，才藻横飞，神情兴会，多作标举。袁枚谓：诗之精妙，深得初白老人之教。初白者，查慎行字也"③。

另一方面，依赖于自身较高的文学素养与雄厚的经济实力，他们广泛延揽、结交文人，与之宴饮结社，诗文唱和，并慷慨地资助他们的生活与创造，其花费重金收藏的大量图书、名人画作、瓷器印章等又能够为学者的学术精进提供便利，因此当时诸多名儒大家都曾寄居于商人的私家园林之中，这进一步加深了彼此间的联络与感情。如康熙间长芦盐商张霖建有多处园林，皆极奢华，"法书名画之属，充牣栋宇"，用以延揽接待四方宾客，"一时北游之士，如姜宸英、梅文鼎、赵执信、吴雯、朱彝尊、方苞辈，罔不适馆授餐，供张丰腆"④。这些人物皆为清初大家名儒，如姜宸英乃著名书法家、史学家；梅文鼎为数学家、天文学家；赵执信为书法家、诗人；朱彝尊为著名学者、诗人、藏书家；方苞为散文家。盐商查为仁所建水西庄，极尽奢华，"缥缃锦轴、法物图书、金石彝鼎，藏贮极多"，所接待的也都是一时名流，如吴廷华乃清代经学家；汪沆为藏书家；厉鹗为著名诗人；杭世骏则为经学家、史学家、文学家及藏书家。到乾隆元年，"朝廷广开鸿博科，大江南北才俊，轻舠诣阙，络绎不绝。凡道出津沽者，一刺之投，无不延揽，故其时水西庄宾客亦视前后为最盛"⑤。盐商金玉冈亦"小筑园林，延接名俊，后与遂闲堂张氏、于斯堂查氏风雅相继"⑥。

两淮盐商江春、江昉兄弟，并号"二江"，"交游遍海内，士大夫客扬州者，问所主不曰康山，则曰紫玲珑阁。康山，春别业，阁即昉所居也"⑦。淮商马曰琯建有小玲珑山馆，馆内有看山楼、红药阶、透风透月两明轩、七峰草堂、清响

---

① ［清］李斗著，许建中注评：《扬州画舫录》卷4《新城北录中》，南京：凤凰出版社2013年版，第90页。

② ［清］李斗著，许建中注评：《扬州画舫录》卷12《桥东录》，第296页。

③ 徐世昌：《大清畿辅先哲传（下）》卷20，北京：北京古籍出版社1993年版，第631，640-641页。

④ ［民国］《天津县新志》卷21《人物一》，中国地方志集成·天津府县志辑（3），上海：上海书店出版社2004年版，第344页。

⑤ ［民国］《天津县新志》卷21《人物一》，第348页。

⑥ ［民国］《天津县新志》卷21《人物二》，第363页。

⑦ ［清］单渠等纂：嘉庆《两淮盐法志》卷46《人物四》，第22页。

阁、藤花书屋、丛书楼、觅句廊、浇药井、梅寮等诸多名胜景观。山馆后建有丛书楼，藏书量惊人，常与之唱和交游的姚世珏称，"广陵二马……有丛书楼焉。楼若干楹，书若千万卷，其著录之富，丹铅点勘之勤，视唐宋藏书家如郏侯李氏、宣献宋氏、庐山李氏、石林叶氏，未知孰为后先。若近代所称天一阁、旷园、绛云楼、千顷斋以暨倦圃、传是楼、曝书亭，正恐无所不及也"①。乾隆三十八年，为编纂四库全书，乾隆下令各地进献图书，扬州马氏所进献的古本、善本书籍，可备采用者即高达七百七十六种，为当时之最。马氏乐于资助文士，"四方之士过之，适馆授餐，终身无倦色""尝为朱竹垞刻《经义考》，费千金为蒋衡装潢所写《十三经》"②。在马氏的小玲珑山馆，常集聚了大量的文人雅士，他们吟诗唱和，并将诗作集结刊行，取名为《韩江雅集》，从中可以看到马氏所交多为当世名家，如全祖望（著名学者、史学家、文学家）、杭世骏（经学家、史学家、文学家、藏书家）、程晋芳（经学家、诗人、藏书家）、沈德潜（著名学者、诗人）、汪士慎（著名画家、书法家）、高翔（画家）等。当然，这种雅集的地点并不固定在一处，比如盐商张士科的让圃③也是当时集聚地之一，其本人也是雅集的积极参与者。

二、投资教育

在中国传统社会，一旦通过科举获得功名，便可以享受各种特权，并因此获得大量的实际利益，所以科举对每个人都具有极大的吸引力，在这种官本位思想的影响下，盐商的内心依然保持着对仕途的期待，一些商人在经营盐业一段时间后，转而读书走科举之路。两浙盐商王肇衍，本来业醝，后来改业读书，康熙甲辰年考中进士，授庶吉士，后改刑部主事。④再如孙枝蔚，陕西三原人，世代经营淮盐，明末曾组织乡勇抗击流寇，后为避战乱到扬州继承祖业，经商为生。后来弃商，奋发读书，只是最终未能中试。⑤

---

① [清] 姚世珏：《孱守斋遗稿》卷 3《丛书楼铭(并序)》，《四库全书存目丛书》集部第 277 册，济南：齐鲁书社 1997 年版，第 553 页。

② [清] 李斗著，许建中注评：《扬州画舫录》卷 4《新城北录中》，第 90 页。

③ 让圃乃是张士科与陆钟辉两人的园林别墅。关于让圃得名，还有一段故事：让圃先由张士科典租，然而不到一年房主又将之卖给了陆氏，张士科以租期未到为由，予以拒绝。后来陆钟辉得知缘由，将之让给张士科，张氏谦让不收，最终由马曰琯出面圆场，由两人各买其半，建筑亭社，名为让圃。

④ [清] 延丰等纂修：《钦定重修两浙盐法志》卷 25《商籍二》，《续修四库全书》第 841 册，第 569 页。

⑤ [清] 单渠等纂：嘉庆《两淮盐法志》卷 46《人物四》，第 12 页。

但更多的情况是,盐商为了自己及族内子弟能够享受到更为优质的教育环境与教育资源,以便有朝一日登科及第,成为官宦之家。不惜花费重金,创办、资助书院。如天津三取书院,康熙年间由盐商、士绅捐修,到乾隆二十年重修后,"每岁束修膏火诸费皆由商捐领款项内支给",到嘉庆六年,众盐商又捐资重新修葺。问津书院,乾隆十六年芦商查为义具呈输废宅地址,建屋五十九间。① 两淮盐商也捐资兴建了大量书院,如扬州梅花书院,雍正年间重修时,由商人马曰琯捐资重建堂宇。北门桥外的敬亭书院,则由两淮盐商于康熙二十二年创建。三元坊外的安定书院,重建经费来自盐商公捐。仪征乐仪书院建于乾隆三十二年,纲商张东冈等禀请,称有弟子在新建书院读书,提请捐银八百余两,又后增捐盘费银三百两,后学校每年所用经费,皆为盐商按引公捐,纲盐每引一厘,食盐每引四毫,共计银一千二百余两。到嘉庆六年,鉴于每年经费不敷使用,各商又禀称情愿捐输,纲商每引捐输库纹二厘,食盐捐输库纹八毫,约计每年共捐二千二百余两。② 石港场的文正书院所用经费均由场商捐给。③ 浙江杭州的崇文书院、紫阳书院以及正学书院等也都是由盐商资助创建,其运作经费也大多来自他们的捐款。如歙县盐商程光国,见紫阳书院岁久渐圮,于是"倡捐经理,积十余年勿懈"④。

这些书院会延聘具有真才实学的学者担任掌院、教习,如扬州安定书院自乾隆元年起历任院长皆为进士,其中不乏杭世骏、蒋士铨、姚鼐、茅元铭等名家,在这些名家的吸引下,书院不仅仅供盐商子弟就读,各地慕名前来求学者也十分多。"安定、梅花两书院,四方来肄业者甚多,故能文通艺之士萃于两院者极盛"⑤,并因此培养了一大批学者,诸如段玉裁、王念孙、刘台拱、汪中、洪亮吉、孙星衍等,极大推动了扬州文化的繁荣。

盐商群体也因重视文化、投资书院教育等获得了丰厚的回报,明清时期的盐商子弟大量登科,这类记载在文献中比比皆是,如两淮盐商郑钟山、郑鉴元家族,钟山之子宗彝为乾隆壬辰年进士,任职刑部。鉴元之子宗汝,曾官员

---

① [清]黄掌纶等修撰:嘉庆《长芦盐法志》卷19《营建》,《续修四库全书》第840册,上海:上海古籍出版社2002年版,第424页。

② [清]刘文淇等纂:道光《重修仪征县志》卷18《学校志》,《中国地方志集成·江苏府县志辑(45)》,南京:江苏古籍出版社1991年版,第232-233页。

③ [清]单渠等纂:嘉庆《两淮盐法志》卷53《杂纪二·书院》,第1,6页。

④ [清]延丰等纂修:《钦定重修两浙盐法志》卷25《商籍二》,《续修四库全书》第841册,第586页。

⑤ [清]李斗著,许建中注评:《扬州画舫录》卷3《新城北录上》,2013年。

外郎,其孙兆珏则为举人。而"族广英多,率皆清华之选。洢,字澧江,进士,官户部;文明,字鉴堂,进士,官刑部"①。据何炳棣先生统计,"人数约三百人或更少的运商和场商的家庭,在顺治三年至嘉庆七年(1646—1802)间,居然造就了 139 个进士和 208 个举人"②。

盐商喜好儒业的行为价值取向使得大量的文人集聚于淮扬、天津等处,同时借助于这些文化资源培育了大量的文人学子,并因此形成了良性循环效应,使得地方文风昌盛发达,对文化建设的贡献重大,比如"天津诗学,实自(张)霖倡之","论者谓津沽风雅之盛,皆自(查)为仁开之"③。而两淮盐商雄厚的财力与文化品位,则支持了"扬州八怪"及扬州学派的诞生,使得扬州成为当时的文化重镇。

第三节　盐商与慈善事业

明清时期的盐商十分热衷于各类慈善事业。他们大量捐修善堂、盐义仓、义冢、救火会等慈善机构,遇有城池、桥梁、道路、河渠等年久失修,也会进行捐赠。每逢灾荒,则煮粥施衣,赈济灾民。可以说,无论是常态化的慈善机构还是临时性的救济活动中,都可以看见盐商的身影。

一、资助创办慈善机构

（一）善堂

海盐产区建设有大量针对不同困难人群的善堂。比如育婴堂。在中国传统社会,由于缺乏足够有效的避孕举措,导致生育率较高,但物质条件的匮乏又造成人们无法养活全部婴儿,所以多有在生育后将婴儿遗弃者。针对这一情形,明清时期,社会上出现了专门用于收养弃婴的慈善机构育婴堂。天津育婴堂本在城东门外,由长芦盐商周自邠捐资雇觅乳妇,收养哺育。后来

---

① [清]李斗著,许建中注评:《扬州画舫录》卷 13《桥西录》,第 320 页。

② 何炳棣著,巫仁恕译:《扬州盐商:十八世纪中国商业资本的研究》,《中国社会经济史研究》1999 年第 2 期,第 71 页。另,汪崇筼统计指出明清两淮地区徽州盐商子弟中科举与进士者共计 402 人,见《明清徽州盐商的文化特色》,《盐文化研究论丛》(第一辑),第 12 页。

③ 徐世昌:《大清畿辅先哲传(下)》卷 20,北京:北京古籍出版社 1993 年版,第 631 页。

因为留养婴儿逐渐增多,费用紧张,因此到乾隆五十九年,盐商们又捐资建设了一处育婴堂,共计房舍一百零二间,凡工食、薪米、棉衣、煤炭等费用均由盐商捐款内拨用。① 两淮地区的育婴堂,建设于清顺治年间,"为西商员洪庥,徽商吴自亮、方如珽创其事",到乾隆年间,扬州城已建有育婴堂八处,每处选择盐商二人负责承办。瓜州育婴堂原本经费来自芦洲抽捐,后因经费不足,到乾隆十七年改由众盐商公捐。再有两淮各盐场所建多处育婴堂,经费也来自商捐,如掘港场育婴堂,康熙三十三年创建,田亩、屋舍皆系本场商灶捐资公建,场商洪成益岁捐经费。富安场育婴堂,康熙五十一年由商人汪世泽、黄镒、程魁、刘晋元等公建,岁捐银三百余两。安丰、梁垛、东台等场亦复如此。② 还有针对各类守节贫困妇女的善堂,如扬州立贞堂,道光二十年,盐商吴世璜见妇女青年矢志,但生活孤苦无依,因此创建善堂收养。后来所用经费则由淮南盐商按引带捐。到太平天国时期,扬州迭遭战火,房屋多有坍塌,同治七年重修时,由两淮场商按引捐厘,共计建设号舍七十七间。扬州崇节堂,建于光绪十四年,专门收养青年嫠妇贞女,并准她们随带子女,其经费由通泰场商按引捐助。泰州清节堂亦由商人捐助经费。③ 普济堂则主要用来收养年老、贫困或有疾等而无所依靠的百姓,两淮地区普济堂的经费多来自盐商捐赠,如位于东关门外的扬州普济堂,建设于康熙三十九年,到乾隆九年以经费不敷,从盐商捐款中支给。

（二）盐义仓

盐义仓多建设于清代雍正年间,最初开始于两淮。雍正三年,经两淮巡盐御史噶尔泰奏准,以盐商捐银二十四万两、盐臣公务银八万两,外加赏赐银两万两,购买米谷贮藏,所盖仓厫赐名为盐义仓,此为盐义仓得名之始。雍正四年,于扬州东关门蕃釐观后建一仓、广储门外三仓。雍正五年增建通州仓、如皋仓、泰州仓、盐城仓、板浦仓、海州仓。雍正十三年又添建石港仓、东台仓、阜宁仓,两淮共计建设有盐义仓十三仓。各盐义仓储藏谷量不一,少者五千石如阜宁仓,多者九万石如泰州仓,两淮额计贮谷量大致在五十万石。雍正五年规定,每仓佥派盐商二人进行经管,如乾隆间东关门盐义仓管仓商人

---

①〔清〕黄掌纶等修撰:嘉庆《长芦盐法志》卷19《营建》,《续修四库全书》第840册,上海:上海古籍出版社2002年版,第427页。

②〔清〕单渠等纂:嘉庆《两淮盐法志》卷56《杂纪五》,第4-8页。

③〔清〕王定安等纂:光绪《重修两淮盐法志》卷152《杂纪门·善举》,《续修四库全书》第845册,上海:上海古籍出版社,2002年,第613-614页。

为江广达、王履泰。但也有例外,比如雍正十三年添设石港仓仅一商管理、乾隆十三年阜宁仓亦改为一人承管,等等。① 继两淮之后,两浙、山东、福建、广东等海盐区皆陆续建有盐义仓。盐义仓除创设费用外,后续的经营费用来源,其实也多来自盐商的报效捐输,如两浙盐义仓,乾隆八年,"商人吴玉如等情愿捐银一十万两归入盐义仓项下,以广积贮",十一年,两浙"商人吴玉如等又请捐银一十万两,将来遇有远场需赈,运谷维艰,即可酌拨此项以为兼赈之用"②。盐义仓主要用于赈济灶丁,但在近场州县遇有灾害时,也会从盐义仓调拨粮食予以赈济。

(三)其他慈善机构

1. 义冢

义冢是指收葬因贫困无力下葬以及无主尸骸的墓地,"凡贫不能葬及倒毙无主者,悉收埋之",天津有义冢在城西门外,每岁所用银两皆长芦盐商捐赠。③ 雍正二年,盐商黄仁德等捐资,于扬州城郊购地十六处建立义冢,后来屡有添建,如盐商汪应庚设置义冢于徐宁门外。到乾隆二十四年,盐商黄源德等又请捐资,于南门外斑竹园购地八亩、北门外迎恩桥购地六亩添建义冢。四十三年,盐商江广达又捐资于西山空地购地七十亩作为义冢所用。盐场义冢亦多有商人捐助,如掘港场义冢由徽商汪相林创设,马塘场义冢由商人汪之珩于乾隆五年创设,何垛场义冢为商人黄郁周等于雍正十二年创设。④

2. 施棺会

顾名思义,即免费发给穷民棺木,扬州施棺会每岁由商捐公费内拨银二百四十两给用。

3. 救火会

天津人烟稠密,而百姓们往往又疏于警戒,因此多有火灾发生。清初"芦商武廷豫创立同善救火会",后渐渐发展至四五十所,其费用皆为长芦众商按年分别捐助。⑤ 扬州城市房屋鳞次栉比,附郭又多为草房,火灾亦在所难免。乾隆二年,经两淮盐政奏准,多设水兵,并预备水缸、水炮等器具,以防不测。

---

① [清]单渠等纂:嘉庆《两淮盐法志》卷41《优恤二·盐义仓》,第55-57页。
② 《两浙盐法志》卷18《优恤》,第841册,第386页。
③ [清]黄掌纶等修撰:嘉庆《长芦盐法志》卷19《营建》,《续修四库全书》第840册,第427页。
④ [清]单渠等纂:嘉庆《两淮盐法志》卷56《杂纪五》,第22-25页。
⑤ [清]黄掌纶等修撰:嘉庆《长芦盐法志》卷19《营建》,《续修四库全书》第840册,第428页。

"修理器具及各处救火兵役岁需银两,皆出商捐。"[1]

4. 粥厂

扬州粥厂,每年冬季在琼花观煮粥散放,赈济穷黎,运商每引捐钱十八文,通泰场商每引捐钱十六文,始于同治十一年。仪征公济粥厂,每年煮粥赈济,自十一月起到次年正月止,场、运各商按引捐钱五文,始于光绪二年。[2]

5. 药局

雍正七年由两淮总商黄光德等公捐,设于平山堂右司徒庙。[3]

6. 栖流所

主要用来收养流民、供给乞丐休息,如扬州栖流公所在崇德巷内,光绪九年起,运商按引捐钱八文,通泰场商按引捐钱六文,充当经费。[4]

7. 救生红船

长江自江宁东流自扬子江入海,风涛不定。而淮扬乃水乡泽国,运河以西又皆大型湖泊,在这些河段行船十分危险,因此在江都史家港、双港口、大沙洲、大江镇、三江镇、唐家港,瓜洲江口、江神庙、铁牛湾、花园港,仪征天池、沙漫洲,高邮甓社湖等险要处多设有救生红船。而所用经费皆由盐商出资,"历年众商渐次修补并增益之,岁给水手公食之费,其修船则临时估计给之"[5]。

二、临时性救助举措

除常规性慈善机构外,遇有水、旱、潮等灾伤,盐商亦随时捐款捐物,赈济灾民,对贫困不能安葬者给予棺椁,甚至给予资金修葺房屋亭舍。这些在各个海盐产区皆有大量记载,试举例说明:如长芦:明崇祯年间,沧州大饥,遍地流民,盐商周达仁捐出数万石大米,并临时搭建房屋,救助了大量灾民。雍正三年夏,天津阴雨连绵,庐舍漂没,盐商查日乾设厂煮赈,并倡导众商捐款。[6] 在山东:康熙

① [清]单渠等纂:嘉庆《两淮盐法志》卷56《杂纪五》,第14页。

② [清]王定安等纂:光绪《重修两淮盐法志》卷152《杂纪门·善举》,《续修四库全书》第845册,上海:上海古籍出版社,2002年,第614页。

③ [清]单渠等纂:嘉庆《两淮盐法志》卷56《杂纪五》,第19页。

④ [清]王定安等纂:光绪《重修两淮盐法志》卷152《杂纪门·善举》,《续修四库全书》第845册,第614页。

⑤ [清]单渠等纂:嘉庆《两淮盐法志》卷56《杂纪五》,第9-13页。

⑥ [清]黄掌纶等修撰:嘉庆《长芦盐法志》卷17《人物》,《续修四库全书》第840册,第341页。

四十三年,山东大饥,盐商卫良魁施粥赈济,并给予饿死百姓棺材以便下葬。[①] 在两浙:乾隆四十一年,海水骤溢,萧山遭灾严重,数以万计的百姓死亡,大水退却后,遍地尸体,盐商顾天爵出资为之掩埋,对于无家可归者,则帮助修葺房屋。乾隆间浙江常山县百姓遭受饥荒,盐商吴汾倡导众商捐献粮食赈济灾民,并准备棺木,给饿死的灾民以供下葬。嘉庆五年六月,台州、处州、金华、绍兴等府属间被水灾,商人吴康成等捐谷十万石以供赈济。[②] 在两淮:康熙十年淮扬受灾,盐商陈恒升等捐银,设厂煮粥赈济,发给棉衣,共计用银二万余两。康熙十七年扬州旱灾,盐商共计捐银三万余两。乾隆三年,扬州被旱,盐商共计捐银近十三万两,设厂煮赈。乾隆三十六年,两淮海州所属板浦场、通州所属余东、余西二场遭受潮灾,商人捐资给赈。乾隆四十六年,两淮盐场遭灾,商人捐给口粮,并捐款修葺亭场煎舍。[③]

三、工程建设

盐商遇到整修城池公署、修建祠庙、修桥铺路、浚治河道等工程建设时,也积极捐款协助:

(一)捐修城池及公署

天津自明代建城后,因地处卑湿,城墙多有坍损之处,为此曾屡次修缮,有多次皆为盐商出资。如雍正三年,城濠损坏,盐商安尚义、安岐父子情愿捐修,此次修缮规模庞大,东西长五百余丈,南北长三百余丈,花费众多。后乾隆十一年、十七年、二十四年均对城濠进行过修缮,所有花费均由芦商捐助。[④] 盐商也资助各类衙署的建设,如长芦巡盐御史衙署、都转运盐使司署等,皆有盐商捐助的身影。[⑤]

---

① [清]宋湘等纂:嘉庆《山东盐法志》卷19《人物》,于浩辑:《稀见明清经济史料丛刊》第1辑第24册,北京:国家图书馆出版社2009年版,第508页。

② [清]延丰等纂修:《钦定重修两浙盐法志》卷25《商籍二》,《续修四库全书》第841册,第584、587页;卷18《优恤》,第392页。

③ [清]单渠等纂:嘉庆《两淮盐法志》卷42《捐输》,第12—17页。

④ 高凌雯等撰:民国《天津县新志》卷1《舆地》,《中国地方志集成·天津府县志辑(3)》,第8—9页。

⑤ [清]黄掌纶等修撰:嘉庆《长芦盐法志》卷18《艺文》,《续修四库全书》第840册,第428、377—379页。

（二）捐建祠庙寺观

盐商捐助的各类祠庙寺观极多，以两淮为例，(嘉庆)《两淮盐法志》就罗列了这一类目，"扬州城内外暨境外各祠寺，或因盐项动修，及岁给香灯等事，或系商人捐建，皆得详载，非此者不入"，据粗略统计，仅在扬州府由商人捐建者即多达三十处(详下表)，除此之外，两淮场商亦捐修了大量的寺庙，如吕四场天后宫，在廖角嘴上，始建于乾隆二十七年。其南临大江，东接海洋，乃九场屏障。到五十七年，议定由九场商人按引捐资，每引四毫，纳入场署，作为常规修缮费用；梁垛场文武二祠庙，则由场商程兆扬在嘉庆六年捐修。①

商人对各类祠庙寺观进行捐建，出于多种目的。或为切身利益考量，如金龙四大王庙、河神庙，是为了祈祷盐业运输的平安，天后宫则是保佑盐业生产的顺利进行；或为讨好君主，如高旻寺、定慧寺等，皆为康熙、乾隆南巡期间驻跸之所。另外，祠庙等属于公共空间，祭祀人物多为鬼神、名儒、贤臣、忠臣、孝子、贞妇等，是民间信仰的重要活动场所，商人对此多有捐建，除却自身信仰外，也是融入地方社会以及获取信任与声望的重要方式。

表6-1　清代两淮盐商在扬州府捐修祠庙寺观等一览表

序号	名称	捐修事由	捐修时间及人物
1	蕃釐观	毁于火	乾隆十年盐商捐资重建
2	佑圣观		乾隆六年，众商重修
3	崔公祠	众商感念其恩德	乾隆六年，商捐
4	天后宫	重建	康熙五年商人程有容
5	范文正祠	损坏	乾隆十一年由众商捐修，三十五年、五十六年又相继修葺
6	欧阳文忠祠	重建	雍正八年商人汪应庚出资兴建，乾隆十六年众商捐资重修
7	五贤祠		乾隆十一年众商捐修
8	双忠祠	兴建	雍正十二年，盐商马曰琯捐修
9	萧孝子祠	重建	雍正十二年，商人马曰琯重建
10	金龙四大王庙	兴建、修葺	康熙三年淮商公建，乾隆三十八年、四十一年先后修葺

---

① 参见[清]单渠等纂：嘉庆《两淮盐法志》卷52《杂纪一》，第1-41页。

序号	名称	捐修事由	捐修时间及人物
11	重宁寺	兴建	乾隆四十年两淮盐商所建
12	观音山寺	备南巡	乾隆二十一年商人捐建
13	法净寺	重修	雍正间商人汪应庚
14	莲性寺	增建亭台,摘种竹木	乾隆九年,西商
15	慧因寺	创建寺院、重修	乾隆三年淮商汪宜晋、十六年众商重修
16	上方寺	重修	乾隆三十年,淮商
17	建隆寺	寺久圮	乾隆十一年盐商黄晟独立捐资
18	地藏庵	重修	乾隆元年、嘉庆五年,众商
19	文庙	圮	乾隆五十五年、五十八年,众商
20	关帝庙	修葺	乾隆五十七年,众商
21	奎光楼	岁久倾颓	乾隆三十八年商人郑宗彝、五十七年郑□元
22	五烈祠	改建	雍正十一年淮商汪应庚
23	关帝庙	修葺备南巡	乾隆历次南巡,众商
24	高旻寺	建行殿,重修	康熙四十二年,淮商;雍正八年,众商
25	定慧寺	建造行宫备南巡	乾隆二十六年,两淮盐商
26	河神庙	创建	康熙四十年,众商
27	露筋祠	屡圮,重修	乾隆四十五年、四十九年,两淮盐商
28	宝应龙神祠	创建	乾隆二十六年创建;两淮盐商
29	宝应湖神庙	创建、重修	乾隆三十年创建,四十五年、四十九年淮商先后修葺
30	慈云寺	备南巡	乾隆四十九年,两淮盐商

（三）修桥铺路

天津为舟车往来之所,兼以多处河道,不便行旅往来,盐商曾捐修相关桥梁,如西沽浮桥。西沽在天津城北,为入京要道,然而湖面宽广、水势澎湃,行船通过时险要异常。因此康熙五十三年,直隶总督赵宏燮倡议在此建设浮桥,长芦盐商纷纷响应捐款,最后用船十六只,建造了西沽浮桥。此外如盐关浮桥、何楼以西浮桥、钞关浮桥等等,皆有盐商捐助的身影。这些浮桥因冰凌伤损需要定期整修,议定每三年一次,"所有每岁桥夫工食及应行添换绳缆、锚锁,皆由商捐公费内拨给"①。古雷塘是扬州城西北孔道,每有风波之险,乾隆三年,淮商汪应庚捐建石桥,以便商旅。仪征龙门桥于康熙十五年因江潮坍塌,盐商汪文学集众重修。两淮富安场大石桥、盈宁桥因年久坍损,徽商黄修忠等捐银重修;伍佑场河通济桥坍损,场商程家润于乾隆三十二年改建石桥,用银两千三百余两。② 山东盐商刘克昌曾捐资重修齐河县大石桥、长清县观音阁石桥以及省城北的高老桥、马家庄石桥、水囤石桥等交通要道。③ 当然,对于不方便修筑桥梁之处,盐商则捐款设置义渡,出资购买船只,雇用渡夫,免费载人过河,如大运河绕扬州城东北而下,水面宽阔,水流湍急,加之两岸皆为沙土,不便于建筑桥梁,因此大量兴建义渡,如徐宁门外二严庵万松义渡,即由商人汪勤裕出资创建。④ 再言铺路。如乾隆中叶,两淮盐商罗琦曾重新铺筑著名的扬州东关大街,新城街道由淮商鲍志道重修。各场街道亦多有盐商捐修的身影,比如掘港场街道,乾隆五十七年由西商孙裕鸠众重修,又有市街三条,由徽商吴永瑞等捐资兴建,悉甃以石。小海场砖街由场商朱凤仪、吴镜裴捐银两千两重新修筑,并铺设砖石。⑤

（四）河道整治

盐商对于淮河、运河以及黄河、海塘等大规模水利工程,多大量捐资。如雍正十二年,两浙盐商汪恒丰等提请按引捐输银十万两资助海塘兴修。乾隆四十五年,两浙盐商再捐银二十万两塘工银,乾隆四十九年,又捐塘工银六十万两。乾隆四十七年,两浙盐商何永和等公捐河南省河工银八十万两。⑥ 乾隆四十七年,河南兰阳、商丘等处开挑引河,两淮盐商江广达等呈请公捐银二百万两。嘉庆八年,两淮盐商洪箴远因河南衡家楼黄水满溢需要堵筑,公捐银一百一十万两。嘉庆九年,两淮盐商黄潆太、程俭德等因高家堰需要修筑,

---

① [清]黄掌纶等修撰:嘉庆《长芦盐法志》卷18《文艺》,《续修四库全书》第840册,第375－376页;卷19《营建》,第415页。

② [清]单渠等纂:嘉庆《两淮盐法志》卷56《杂纪五》,第20－22页。

③ [清]宋湘等纂:嘉庆《山东盐法志》卷21《营建》,于浩辑:《稀见明清经济史料丛刊》第一辑第25册,第58页。

④ [清]单渠等纂:嘉庆《两淮盐法志》卷56《杂纪五》,第17页。

⑤ [清]单渠等纂:嘉庆《两淮盐法志》卷56《杂纪五》,第20－22页。

⑥ [清]延丰等纂修:《钦定重修两浙盐法志》卷18《优恤》,《续修四库全书》第841册,第385、388页。

公捐银四十万两。① 对于盐场河道以及所居城市河道,遇有淤塞,也多捐款疏浚,此处以两淮为例予以说明:串场河及运盐河乃食盐自盐场运送出江之要道,遇有淤积,多由盐商疏浚,在清代几成定例。此外,扬州城地势低洼,每遇阴雨连绵,则易于蓄积。虽有排泄沟渠,但也容易淤积,需要周期性的疏浚才能保持顺畅泄水。自乾隆以后,这一工程多由盐商捐款。如乾隆二年,淮南总商上言疏浚,盐商马曰琯认修其居所附近河段,其余则分为十四段,由众盐商捐资公修。乾隆二十年,商人程可正等又复重修。到乾隆五十七年,总商洪箴远等鉴于淤积严重,又上请运使曾燠公捐疏浚。嘉庆元年、八年盐商皆捐资重新疏浚。②

尽管学界对于盐商的慈善动机看法不同,但不可否认的是,盐商的慈善行为对于天津、扬州、淮安、杭州等处的城市建设起到了推动作用,也完善了这些地区的社会救助体系,其实际作用不可因其动机而被抹杀。

第四节 盐商的奢侈消费

盐商依靠垄断行盐权力获得了大量的财富,因此其消费水平要远高于一般百姓,生活较为奢华。雍正皇帝曾在上谕中提及这一现象:

> 奢靡之习,莫甚于商人。朕闻各省盐商,内实空虚,而外事奢侈。衣服屋宇,穷极华靡。饮食器具,备求工巧。俳优妓乐,恒舞酣歌,宴会嬉游,殆无虚日。金钱珠贝,视为泥沙。甚至悍仆豪奴服食起居,同于仕宦,越礼犯分,罔知自检。骄奢淫佚,相习成风。各处盐商皆然,而淮阳(扬)为尤甚。③

由此可知,盐商奢靡是一种全国性现象。而两淮盐商因拥有远高于其他盐商的雄厚财力,因此奢侈尤甚。雍正皇帝所言非虚,这在淮扬地方史料中能够得到印证,"扬州盐务,竟尚奢丽,一婚嫁丧葬,堂室饮食,衣服舆马,动辄

---

① [清]单渠等纂:嘉庆《两淮盐法志》卷42《捐输一》,第9-11页。
② [清]单渠等纂:嘉庆《两淮盐法志》卷56《杂纪五》,第19-20页。
③ 《清世宗实录》卷10,雍正元年八月己酉。

费数十万"①,淮安"河下方盐策盛时,诸商以华侈相尚,几于金、张、崇、恺,下至舆台厮养,莫不璧衣锦绮,食厌珍错。阛阓之间,肩摩毂击,袂帷汗雨,第宅之盛,又无论已"②。他们在衣食住行以及歌舞娱乐方面可谓一掷千金,奢靡至极。以下选取园林、饮食、戏曲三个层面进行具体描述。

一、园林③

盐商的住宅,多为花费重金建筑的园林别墅。如长芦盐商张霖即有遂闲堂、一亩园、问津园、思源庄、篆水楼等多处园林,"园亭甲一郡"④。但若说到盐商园林,还是以两淮为最。明清时期,淮北盐商聚集之地的淮安河下,园林甚多,"高堂曲榭,第宅连云"⑤,"河下繁盛,旧媲维扬,园亭池沼,相望林立"⑥。据《山阳河下园亭记》载:自明嘉靖至清乾嘉年间,河下地区共构筑园亭计六十五处,其中大多是盐商构筑的。仅盐商程氏家族明清时期即构筑园林二十多处,"吾邑程氏多园林。风衣之柳衣园、菰蒲曲、籍慎堂、二杞堂也。瀣亭之曲江楼、云起阁、白华溪曲、涵清轩也。莼江之晚甘园也。亨诞人之不夜亭也。圣则之斯美堂、篆竹山房、可以园、紫来书屋也。研民之竹石山房也。溶泉之巢经堂也。蔼人之盟砚斋、茶话山房、咏歌吾庐也。曲江楼中有珠湖无尽意山房、三离晶舍、廊其有容之堂"⑦。扬州不仅拥有数量众多的园林,质量更是雄冠全国,以至于时人言"杭州以湖山胜,苏州以市肆胜,扬州以园亭胜"⑧,"扬州园林之胜,甲于天下"⑨,其中多数也为盐商所有,如盐商江春即拥有康山草堂、江园、深庄、东园等多处园林。

---

① [清] 李斗著,许建中注评:《扬州画舫录》卷 6《城北录》,第 150 页。

② 王光伯原辑,程景韩增订,荀德麟等点校:《淮安河下志》卷 5《第宅》,北京:方志出版社 2006 年版,第116 页。

③ 按:此处的园林专指盐商的私家园林,至于在清代长芦、两淮等处商人因为恭迎帝王出巡而兴建的园林,则不在论述范围之内。

④ 徐世昌:《大清畿辅先哲传(下)》卷 20,第 631 页。

⑤ 《金壶浪墨》卷 1《纲盐改票》,见[清] 黄钧宰著,王广超点校:《黄钧宰集》,西安:陕西人民出版社 2009 年版,第 84 页。

⑥ 王光伯原辑,程景韩增订,荀德麟等点校:《淮安河下志》卷 6《园林一》,北京:方志出版社 2006 年版,第163 页。

⑦ 参见王振忠:《明清徽商与淮扬社会变迁》,北京:三联书店 1996 年版,第 143 页。

⑧ [清] 李斗著,许建中注评:《扬州画舫录》卷 6《城北录》,第 152 页。

⑨ [清] 欧阳兆熊、金安清撰,谢兴尧点校:《水窗春呓》卷下《维扬胜地》,北京:中华书局 1984 年版,第 72 页。

盐商园林主要采用组群布局,多包含有厅堂、楼阁、亭榭、轩馆、书斋、画舫、游廊等多种建筑类型,而且有些建筑规模极为宏大,如两淮盐商亢氏所筑亢园,"长里许,自头敌台起,至四敌台止,临河造屋一百间,土人呼为百间房"①。郑氏之休园,"园宽五十亩"②。张氏之容园,"一园之中,号为厅事者三十八所,规模各异"③。

园林多依托河湖、池沼、花草、树木、山石等物构筑,设计诸多景观,使其看上去精致秀丽而又不失大气。如淮安程嗣立的柳衣园,大门临水,西南正楼三间,仍名曲江楼,面东楼三间,亦名旧时云起阁。西首面南三间,房一间曰娱轩。西南船房六间,东曰水西亭,西曰半亩方塘。又北首有亭翼然,曰万斛香。此外,又有涵清轩、水仙别馆、香雪山房诸境。④盐商江玉枢之九峰园临河而建,有深柳读书堂、谷雨轩、延月室、玉玲珑馆、砚池染翰、临池、一片南湖、风漪阁、澄空宇、海桐书屋等胜境。明末郑元勋之影园以柳影、水影、山影而闻名,园内含有玉勾草堂、淡烟疏雨、媚幽阁等十余处胜景。⑤

盐商园林在砖瓦、石头、木料等建筑材料选择以及室内外的装修上也极为讲究,比如厅堂多选用珍贵的楠木,地面多加铺方砖,花园中为名贵花草树种,池沼里喂养珍贵鱼类。屋内陈列多为珍宝古董,匾额楹联则选用名家字画,古朴典雅而不落俗套。这些布置需要花费大量金钱,以至于一花一草、一木一石所费,约等于中等人户上百家的资产。如盐商江玉枢"九峰园"之得名,与其在江南购买九块太湖石,并依此构筑园林风景有关。太湖石本就极为珍贵难得,而江氏所购则为其中珍品,"大者逾丈,小者及寻,玲珑嵌空,窍穴千百"⑥。张氏容园内"书画尊彝,随时更易,饰以宝玉,藏以名香。笔墨无低昂,以名人鉴赏者为贵,古玩无真赝,以价高而缺损者为佳"⑦。郑氏休园中,"多文震孟、徐元文、董香光真迹。止心楼下有美人石,楼后有五百年棕榈,墨池中有蟒,来鹤台下多产药草"⑧。

最后,可以咸丰七年吴炽昌去淮南总商洪箴远的园林参加消夏会所见来

① 〔清〕李斗著,许建中注评:《扬州画舫录》卷9《小秦淮录》,第211页。
② 〔清〕李斗著,许建中注评:《扬州画舫录》卷8《城西录》,第186页。
③ 《金壶浪墨》卷1《盐商》,见〔清〕黄钧宰著,王广超点校:《黄钧宰集》,第79页。
④ 参见王光伯原辑,程景韩增订,荀德麟等点校:《淮安河下志》卷7《园林二》,第196-198页。
⑤ 〔清〕李斗著,许建中注评:《扬州画舫录》卷7《城南录》,第174、184页。
⑥ 〔清〕李斗著,许建中注评:《扬州画舫录》卷7《城南录》,第174页。
⑦ 《金壶浪墨》卷1《盐商》,见〔清〕黄钧宰著,王广超点校:《黄钧宰集》,第79页。
⑧ 〔清〕李斗著,许建中注评:《扬州画舫录》卷8《城西录》,第186页。

展现盐商构园的奢华：

> 偕同事数友诣其宅，堂构爽垲，楼阁壮丽，姑无论矣。肃客入萧斋，委婉曲折，约历十数重门，入一小院。山石玲珑，植素兰、茉莉、夜来香、西番莲数十种。以白石琢盆，梓楠为架，排列成行，咸有幽致。正南小阁三楹，前槐后竹，垂荫周匝，阁中窗户尽除，悬水纹虾须帘箔，望之洞虚缥缈。卷帘入内，悬董思白雪景山水，配以赵子昂联句，下铺紫黄二竹互织卍字地簟。左右棕竹椅十有六，磁凳二，磁榻一，以龙须草为枕褥。棕竹方几一，花栏细密，以锡作屉，面嵌水晶，中蓄绿荇，金鱼游泳可玩。两壁皆以紫檀花板为之，雕镂山水人物，极其工致。空其隙以通两夹室，室中满贮花香。排五轮大扇，典守者运轮转轴，风从隙入，阁中习习披香，忘其为夏。未几，肃客入苑囿，邱壑连环，亭台雅丽，目不暇给。于是绕山穿林，前有平池，碧玉清波，中满栽芙蕖，红白相间，灼灼亭亭，正合葩欲吐时矣。缘堤而东，千树垂杨之下，别有舫室。渡板桥而入，为头亭，为中舱，为梢棚，宛然太平艒。窗以铁线纱为屉，延入荷香，清芬扑鼻。其椅桌皆湘妃竹镶青花瓷而为之。[①]

二、饮食

盐商在饮食上也耗费了巨额资金，每餐不仅种类繁多，而且食材讲究。如两淮盐商黄均太"晨起饵燕窝，进参汤，更食鸡蛋二枚"，而这两枚鸡蛋每个价值达到一两白银，因为产蛋母鸡"所饲之食，皆参术等物，研末掺入"，因此味道别致。[②] 扬州盐商"有某姓者，每食，庖人备席十数类，临食时，夫妇并坐堂上，侍者抬席置于前；自茶面荤素等色，凡不食者摇其颐，侍者审色则更易其他类"[③]。日常所食即是如此，如遇到宴请宾客更是豪奢异常，所用皆为珍贵且难于获取的食材，饮食器具亦备求精良，如咸丰七年淮南总商洪箴远宴请宾客，"筵上安榴、福荔、交梨、火枣、苹婆果、哈密瓜之属，半非时物。其器

---

① 〔清〕吴炽昌著，陈果标点：《客窗闲话》卷2《淮商龋客记》，重庆：重庆出版社1999年版，第32-33页。

② 徐珂编撰：《清稗类钞》（第7册），北京：中华书局1986年版，第3271-3272页。

③ 〔清〕李斗著，许建中注评：《扬州画舫录》卷6《城北录》，第150页。

具皆铁底哥窑,沉静古穆。每客侍以娈童二,一执壶浆,一司供馔。馔则客各一器,常供之雪燕、冰参以外,驼峰、鹿脔、熊蹯、象白,珍错毕陈",以至于客人慨叹其"享用逾王侯"[1]。

两淮盐商们为了满足自己的味蕾,也为了更好地招待官员、士人,彰显其身份与地位,彼此相互攀比,到处网罗厨艺高超的厨师以为家庖。这些家庖都拥有自己的拿手菜,"烹饪之技,家庖最胜。如吴一山炒豆腐,田雁门走炸鸡,江郑堂十样猪头,汪南溪拌鲟鳇,施胖子梨丝炒肉,张四回子全羊,汪银山没骨鱼,江文密蛼螯饼,管大骨董汤、鳌鱼糊涂,孔切庵螃蟹面,文思和尚豆腐,小山和尚马鞍乔,风味皆臻绝胜"[2]。

长芦盐商较之两淮,则有过之而无不及。乾隆年间,长芦盐商有名为"查三镖子"者,"集各省之庖人,以供口腹之腴。下箸万钱,京中御膳房无其挥霍也",以至于"查每宴客,庖丁之待诏者,在二百以上,盖不知使献何艺、命造何食也"[3]。查氏曾为一名叫做"冷艳"的侍女祝寿,可见其饮食场面,"酒数十种,肴百余器,每色以一婢捧之。查与冷艳,坐堂之心。执酒肴者,排阵以进,可则下箸,否则弗视也。如是轮流进退,肴杯汤碗,过时不冷,巧制也"[4]。

查氏不仅讲究菜品,对于饮食的环境亦十分讲究,如每次服侍他的婢女即有百余人,其中职司传餐的婢女即有十二人,按春夏秋冬之名分为四组,每组三人,各有名号,"三春"为春梅、春桃、春兰,"三夏"为夏云、夏荷、夏芰,"三秋"为秋菊、秋月、秋蕙,"三冬"为冬山、冬花、冬松,每人所衣皆有不同,如"'三春'均汉装,足细如菱;'三夏'均旗装,天足把头;'三秋'均男装,如佳公子;'三冬'均尼装,佛衣带发",这些婢女不仅美艳异常,而且冰雪聪明,令人赏心悦目,但每年在她们身上的花费就高达几十万两白银[5]。

三、戏班

盐商为了自身娱乐,也为了款待政府官员、文人雅士,甚至为了炫富、附

---

① [清]吴炽昌著,陈果标点:《客窗闲话》卷2《淮商赚客记》,重庆:重庆出版社1999年版,第33页。

② [清]李斗著,许建中注评:《扬州画舫录》卷11《虹桥录下》,第269页。

③ 戴愚庵著,张宪春点校:《沽水旧闻·寿雏饕阔查开小宴》,天津:天津古籍出版社1986年版,第15页。

④ 戴愚庵著,张宪春点校:《沽水旧闻·寿雏饕阔查开小宴》,第15页。

⑤ 参见戴愚庵著,张宪春点校:《沽水旧闻·查三镖子十二婢》,第14页。

庸风雅,多蓄养私人戏班,他们在园林中搭建戏台,以便随时演出,如两淮盐商张氏"梨园数部,承应园中,堂上一呼,歌声响应"[①]。两淮盐商的私人戏班也被称作"内班",其大略情形可见《扬州画舫录》:

> 两淮盐务例蓄花、雅两部,以备大戏。雅部即昆山腔;花部为京腔、秦腔、弋阳腔、梆子腔、罗罗腔、二簧调,统谓之"乱弹"。昆腔之胜,始于商人徐尚志征苏州名优为老徐班;而黄元德、张大安、汪启源、程谦德各有班。洪充实为大洪班,江广达为德音班,复征花部为春台班;自是德音为内江班,春台为外江班。今内江班归洪箴远,外江班隶于罗荣泰。此皆谓之"内班",所以备演大戏也。

这就是清代扬州盐商有名的七大内班,即徐尚志之徐班、黄元德之黄班、张大安之张班、汪启源之汪班、程谦德之程班、洪充实之洪班、江春之江班。其中江春的戏班与其他盐商内班只蓄昆班不同,他在昆班(即德音班)之外,还拥有一个乱弹班社即春台班。二者分别称为内江班、外江班。后二班分属于不同盐商。

为了组建高水平戏班,盐商不惜重金网罗各地名角进行扩充,内班所给报酬较高。当时艺人根据才艺高低有七两三钱、六两四钱、五两二钱、四两八钱、三两六钱之分,而"内班脚色皆七两三钱",因此也能够吸引诸多名角。如小生张维尚擅《西厢记》,人称"状元小生"。陈嘉言"一出《鬼门》,令人大笑"。老旦余美观,"兼工三弦,本京腔班中人"、任瑞珍"口大善泣,人呼为'阔嘴'",后皆入洪班。正生石涌塘,"与朱治东演《狮吼记·梳妆跪池》,风流绝世"。老旦王景山一目失明,上场后用假眼却能够以假乱真。小生李文益"丰姿绰约,冰雪聪明",本在苏州集秀班,后皆入江班。盐商长期浸淫于戏曲,欣赏水平极高,因此对戏曲表演者的选择甚至到了挑剔的程度。如江班老生原聘用刘亮彩,其貌美,以《醉菩提》全本得名,乃是名角,但是江春嫌弃其演唱时多有吃字现象,乃多方延聘其他名家,最终聘得昆曲名伶朱文元,惜"舟甫抵岸,猝暴卒"。

盐商的极致网罗使其所蓄戏班演员角色齐全,阵容强大。如洪班有:副末二人:俞宏源及其子增德;老生二人:刘亮彩,王明山;老外二人:周维柏,杨仲文;小生三人:沈明远,陈汉昭,施调梅;大面二人:王炳文,奚松年;二面二

[①]《金壶浪墨》卷1《盐商》,见[清]黄钧宰著,王广超点校《黄钧宰集》,第79页。

人:陆正华,王国祥;三面二人:滕苍洲,周宏儒;老旦二人:施永康,管洪声;正旦二人:徐耀文及其徒王顺泉;小旦则金德辉、朱冶东、周仲莲及许殿章、陈兰芳、孙起凤、季赋琴、范际元诸人,可谓名角荟萃。

为了达到更好的戏剧呈现效果,盐商内班多自制戏服、道具,在布景上不惜成本,极其讲究,如"老徐班全本《琵琶记·请郎花烛》则用红全堂,《风木余恨》则用白全堂,备极其盛。他如大张班《长生殿》用黄全堂,小程班《三国志》用绿虫全堂。小张班十二月花神衣,价至万金;百福班一出《北饯》,十一条通天犀玉带;小洪班灯戏,点三层牌楼二十四灯,戏箱各极其盛。若今之大洪、春台两班,则聚众美而大备矣"①。当然,对演员的甄选和对戏曲呈现效果的追求必然会花费大量的金钱,如江春之"春台、德音两戏班,仅供商人家宴,而岁需三万金"②。

盐商的奢侈性消费对当时的社会经济文化都产生了重要的影响。盐商对于园亭屋舍的精致追求,使得当时淮扬地区出现了大量的能工巧匠,对建造技艺进行打磨、创新,在不断的实践中渐趋精良。"造屋之工,当以扬州为第一,如作文之有变换,无雷同,虽数间小筑,必使门窗轩豁,曲折得宜,此苏、杭工匠断断不能也"③,大量的园林遗存也是为后世留下的宝贵物质财富。与建设、装修等沾边的一系列行业也因此得到发展壮大,如漆器、玉雕等手工业。

盐商尤其是两淮盐商对戏曲的痴迷与爱好,使得清代扬州成为当时的戏曲中心之一,各类戏曲相继入扬登台演出,促进了彼此之间的融合,促进了戏曲创作与演绎水平的提升,如扬州乱弹演员多为本地人,因为口音问题,外地人很难明了,"终止于土音乡谈,取悦于乡人而已,终不能通官话",后春台班聘请刘八入班后,本地艺人多有仿效,风气渐改。其所聘四方名角,如苏州杨八官、安庆郝天秀等人,还将京腔、秦腔并入,使得整体的表现形式、内容更为多样化。更为重要的是,多个戏曲种类在扬州的相互交流、碰撞、融合,也为乾嘉年间徽班进京及后续国粹京剧的诞生提供了土壤。

盐商对于饮食的极致追求,促成了地方特色菜系的形成。如《清稗类钞》载清代"肴馔之有特色者,为京师、山东、四川、广东、福建、江宁、苏州、镇江、扬州、淮安"④。淮扬即占据两席。盐商对于饮食的研究,如清乾嘉年间盐商

① 上述内容参见:[清]李斗著,许建中注评:《扬州画舫录》卷5《新城北录上》,第109-123页。
② 《金壶浪墨》卷1《盐商》,见(清)黄钧宰著,王广超点校:《黄钧宰集》,第79页。
③ [清]钱泳撰,孟裴校点:《履园丛话》卷12《艺能》,上海:上海古籍出版社2012年版,第220页。
④ 徐珂编撰:《清稗类钞》(第13册),第6416页。

童岳荐所撰饮食专著《调鼎集》,则成为后世研究古代饮食的重要史料。

虽然盐商的奢侈型消费产生了诸多积极效应,但对当时的社会风气也产生了不良影响,百姓受盐商奢靡之风的影响,在衣食住行方面亦趋于奢靡,甚至为维系高品质生活而破家。

思考与研讨

1. 探讨扬州盐商文化的源流及影响。
2. 观看纪录片《咸说历史》,分析盐商的社会价值和文化价值。

参考文献

1. 王振忠:《明清徽商与淮扬社会变迁》,北京:三联书店,1996年。
2. 高鹏:《芦砂雅韵:长芦盐业与天津文化》,天津:天津古籍出版社,2017年。

资料拓展

天道百年而一变,国之盛衰,家之隆替,均随之为转移焉。当其隆也,势焰烜赫,甲第连云,冠盖阗咽;及其替也,歌台歌榭,几易主人,甚至栋折榱崩,变为瓦砾。噫! 运会使然,可胜慨哉! 河下方盐策盛时,诸商以华侈相尚,几于金、张、崇、恺。下至舆台厮养,莫不璧衣锦绮,食厌珍错。圜阓之间,肩摩毂击,袂帷汗雨,第宅之盛,又无论已。迨至道光间,裁纲改票,鹾业始衰,河下日就颓废。迄于咸丰庚申,皖寇一炬,尽成灰飞。曩所号为素封者,乃至无立锥地,重楼复阁,月槛风轩,悉付杳茫想像矣。第今犹可指为某第某宅,再越若干年,有并此想像而无存者。

——《淮安河下志》卷5《第宅》

天时有代谢,地运有变迁,人事有转移,盛衰之理,不可不察也。河下繁盛,旧媲维扬,园亭池沼,相望林立,先哲名流,提倡风雅,他乡贤士,翕然景从,诗社文坛盖极一时之盛。曾几何时,零落殆尽,园亭瓦砾,池沼丘墟,唯麦畦菜圃、疏柳苍葭点缀荒寒,聊免孤寂而已。

——《淮安河下志》卷6《园林一》

扫码看看

《扬州盐商》 第二集　风流商贾

https：//tv. cctv. com/2017/08/10/VIDExz8fosUjCHG1Ojgp56ev17081
0.shtml? spm＝C55924871139.PY8jbb3G6NT9.0.0

第七章　海盐习俗

滨海盐民是一群因高度集中的生产组织方式生活在一起的特殊群体,这一相对封闭的群体在长期的社会生活中形成了特色鲜明的风俗习惯,生产生活中形成的特殊节日,咸风海韵的风俗俚语,独特的饮食文化都体现了其自成一体的特色风格。

第一节　生产和生活习俗

在海盐业发展过程中,盐业的生产和经营者,或为促进盐业生产力的发展,或为保护维护自己的切身利益,或为祈望护佑,或为宣泄情感,或为实现自身的审美追求,约定俗成、传承流布,逐渐形成了类型多样、内涵丰富的地方会节。这些会节,有的起源于祭祀盐业神祇和纪念盐业始祖,有的起源于盐业生产。

一、盐盘大圣

在海盐产区,均住有众多灶民,他们以烧盐为生。烧盐要用盐灶,灶上置一特制的铁锅,当地人称之为"锹"(直径为 120 厘米、深 30—40 厘米的一种平底铁锅)。相传,煎盐的发明者曾被皇帝封为神,盐民们称之为"盐盘大圣"。因此,每年的农历三十晚上,烧盐的盐民们都必须到烧盐的锅灶旁,敬献酒肉刀头,焚烧黄元、香烛,并对着"盐盘大圣"的画像顶礼膜拜。

二、盐婆生日

民间传说,盐这个美味,是天上玉皇大帝专有的,他把盐藏在御厨里,独自享用,其他人是无福消受的。孙悟空大闹天宫时,从御厨盗走了盐,二郎神杨戬紧追不舍。孙悟空为了应战,将盐砖丢进了东海,海水因此变咸了,老百姓用海水煮盐，人人都享受到盐这个美味。这下可恼了玉皇大帝，他命令东海龙王，每年夏、秋二季，布云行雨，把海水冲淡，不让百姓吃到盐。东海龙王接旨后，十分为难，行雨吧，龙宫也吃不到盐了；不行雨吧，玉皇大帝那里也不好交差。龙王奶奶见丈夫发愁，便说："此事好办。"她让让丈夫把四海龙王都请来，一起商量对策。四海龙王以前从未吃过盐，听东海龙王一介绍，个个都要尝一尝，这一尝可把大家乐坏了，都说："这么好吃的美味，不该玉皇大帝一人独占。"龙王奶奶直点头，说："这样吧，你们每人带块盐回去下种，让天下百姓有盐吃，即使东海龙王按玉皇旨意行雨了，盐还在人间。"

图7-1 盐婆殿(李荣庆 摄)

从此以后，井中有盐，湖中有盐，地下有盐，山上也有盐，东海龙王下了几年的雨，可地上的盐遍地开花，玉皇大帝知道了也没办法，只得叫东海龙王不要再行雨冲淡海水了。人们为了答谢龙王奶奶保盐之恩，尊称她为"盐婆"。每年正月初六，龙王奶奶生日这一天，盐民要带领全家能上滩干活的，到滩头或风车头放鞭炮，烧纸磕头。烧纸名叫"烧盐婆纸"，又叫"烧滩头纸"，要边烧纸边祷告，请盐婆显灵开恩，保佑今年产盐多，盐粒大，盐花白。然后所有的盐民都要手持锹锨等工具到滩下动动手，干点活；或转转风车，戽几斗水；或挖几锹泥，动一动盐席，象征性地开工。

三、祭盐宗

盐民每年春、秋二季，都要到盐宗庙搞一次祭祀活动。盐宗就是淮夷部落的首领夙沙氏。民间传说，夙沙氏常带领本部落的人，在沿海滩涂，猎捕麋鹿、野猪等大型动物，那时人们还不知道世界上有"盐"这个美味。有一次，他打猎打累了,叫部落的人把猎物抬回去,自己坐在一个土墩上休息。这时,三五成群的麋鹿跑来,在地上舔来舔去,他觉得奇怪,便起身去看看,原来麋鹿在舔滩涂上的白色粉末。他也用手指抹了一点白色粉末放进嘴里尝尝,这一尝使他大喜过望,原来这白色粉末是咸的,舔在嘴里味道很鲜美。他回去告诉本部落的人,让大家都去尝尝,大家一尝个个说好。由于夙沙氏部落的人吃了天生的盐(卤),身体日渐强壮起来。这事传了出去,其他部落的人都来讨要。夙沙氏只得让本部落的人去刮地上的白粉,分送其他部落。天长日久,地上白粉刮完了,本部落的人反而没有吃的了。怎么办?夙沙氏冥思苦想,终于想出了办法。他找来几块石头,放在海水里浸泡,然后把石头放火上烤,一下子就烤出了盐的粉末。因为人工制盐法,是夙沙氏发明的,后人就把他当作盐的老祖宗供奉,称他为"盐宗"。

每年春季,盐民生火烧盐之前,先要祭盐宗,乞佑灶火兴旺,多产好盐。祭祀供猪头三牲,烧香点烛,行三跪九叩大礼。秋后灭火修煎,也要祭盐宗,感谢盐宗保佑当年盐产丰收。祭盐宗,盐场的祭祀活动排场大,舞龙舞狮,热闹得很。

四、烘缸会

两淮盐区盐场制盐的方式主要有两种:淮河以南盐场以煎盐为主,淮河以北盐场以晒盐为主。两种方式,均需有晴好的天气,因而太阳成为灶民命运的主宰。为祈求老天保佑,盐民们组织了"烘缸会"。每年夏、秋两季,盐场、盐灶都要请艺人说书唱戏,敬神做会,烧香拜太阳神。烘缸会,以盐场公署举办的最为热闹。清晨,盐民们聚集在广场上,摆上香案,供奉三牲,恭候太阳从东方升起。由祭司领头,面朝太阳焚香磕头。祭毕,由几个大汉抬一只口朝下的大卤缸,缸底置纸糊或苇扎的太阳神,四周用红绸裹束,以示火烤,锣鼓开道,前往会场(戏台)供奉。而后,神戏开场,上演《二郎担山赶太阳》《金乌下凡》《夸父追日》等戏文。热闹一整天,直至深夜方散。盐灶举办的烘缸会较为简单,一般是几户盐民联合,用土块垒成一座太阳神庙,上面覆盖小缸,缸中间开洞,内置神像,外面竖两根旗杆,集体烧香祈祷,求太阳神多赐晴天。

五、祭地藏(张)王

元末,张士诚率盐民起义,义军所到之处对百姓秋毫无犯,攻城略地后,便开仓济赈，民间素有"死不怨泰州张（士诚）"的民谣。后来，虽为朱元璋所败，但张士诚在盐民百姓中的形象却无法抹去。人们便想方设法地纪念他。为掩人耳目，西团、白驹、草堰一带民间将历史上沿袭的七月三十"祭地藏王"的习俗，改为明祭"地藏王"，暗祭"张王"。

六、晒盐日

盐民晒盐扫盐，有"一年捆两季"之说，即一年产两季盐。从农历三月三到夏至，有"小满膘头足，六月晒火谷，夏至水门开，水斗挂起来"的谚语。意思是小满前后是产盐的最好季节，所产的盐色白粒大，俗叫"膘水足"。农历六月中旬晒的盐，品质较差，像炒后的谷子一样形状枯焦，故称"火谷"。夏至后，雨季来临，不能晒盐了，取卤用的水斗就挂起来不用了。下半年晒盐从七月半开始，到十月初一结束。有"七月半定水头，八月半定太平""八月卤水贵，九月菊花盐，十月盐归土"的谚语。意思是从农历七月半开始，雨季就结束了，盐场进入了秋旱季节，可以晒盐了。一般农历八月是晒盐的大好季节。九月的盐如菊花一样，表面好看，实则杂质较多，入口苦涩。到了十月，盐入土里不出来了，这时若晒盐，容易生硝，失去盐的实用价值。因此，十月以后，盐民光制卤，不晒盐。在盐民的传统风俗中，特别重视全年的第一次开晒，"三月三开晒"已成定规，就是下雨、刮大风，不能晒盐了，也要列滩头动动手，表示今年按时开晒了。

七、晒龙盐

自从玉皇大帝收回圣旨，东海龙王不再布云行雨，冲淡海水，盐民们的盐产年年丰收，生活日渐好起来。因为潮涨潮落以及海水的含盐量都是东海龙王决定的，因此，每年正月十五，家家都要到龙王庙磕头敬龙王，俗叫"烧龙王纸"。盐民们边烧纸边祈祷，求龙王多送卤水，多晒盐，晒好盐。

农历六月初六是东海龙王的生日，这一天，四海龙王都要到东海来贺寿，为此，东海龙王特地下令，让虾兵蟹将全体出动，把海水弄得干干净净，用这干净海水煎盐，洁白精细，腌腥不臭，腌菜不苦，做汤味鲜。东海龙王就用这盐招待来宾。这事渐渐传到民间，老百姓也赶在这一天晒盐，称之为"龙王老爷生日盐"，俗叫"龙盐"。这天晒出的盐果然腌腥不臭、腌菜不苦、做汤味鲜。一般盐民都要保留一些"龙盐"，珍藏起来，除自用外，还作为礼品馈赠亲友。

八、盐民嫁女

婚礼的前一天将婆家和娘家的船合并到一起,称为"船过船"。新人上船后,要将鞋子脱下摆放在舱口,取和谐美满之意。婚礼中最后的一项内容便是将新人送上芦棚小船,由新郎的父母将船轻轻推向远方。新婚之日,小船就是他们的新房,只是它既没桨也没橹、随风任意飘流。在这一天小船,要从白天一直漂到夜晚,而这对新人就在这芦荡河水的陪伴下,在起伏不定的飘摇中度过新婚之夜。

九、不送灶少禁忌

盐民靠烧灶煎盐为生。旧时,盐民们一日不煎盐就一日吃不上饭,故他们视盐灶为命根,即使过年,也绝不送灶。他们认为送了灶就等于丢了饭碗。

盐民在制盐过程中,晒灰、挑灰、扒灰,劳动强度很大,不仅男人们干,还需女人们帮着干,故在盐民阶层中,歧视妇女的禁忌极少。

随着人民生产生活中的不断交流和互动,沿海和内陆地区的风俗也相应发生碰撞和交流。如今,海盐生产已经不是盐城的主导产业,一些海盐习俗已经淡出历史的视野,一些习俗仍然保存了下来。

第二节　谚语和歇后语

一、谚语

盐民谚语是盐民的口头集体创作。在漫长的历史长河中,盐民们把自己在生产生活中所累积的心得和经验,用最精练的语言表达出来,又在世代口口相授的流传过程中,不断地加以琢磨,形成了谚语。

> 烧盐的,熄火穷,没得住,蹲草棚。
> 穷扫盐,急扫硝,盐民吃的草和糠。
> 又晒灰,又煎熬,裤头没得第二条。
> 锅篷有烈火,灶屋无清风。谁识盐丁苦,年年六月中。

春打"五九"尾,盐民做得像个鬼。春打"六九"头,盐民力气大似牛。

这组盐民谚语是当年盐民高温煎盐和穷苦生活的真实写照。烈日炎炎似火烧,正是盐商在公馆里吃瓜纳凉的时候,而盐民们却在比烈日还热的高温下煎盐。"谁识盐丁苦,年年六月中",充分说明了盐民高温煎盐的艰苦。盐民们干的是牛马活,而吃的是猪狗食。他们的日常生活是"盐蒿芼作羹,蒿种炊为饼",如能吃到一些苦咸的蟹渣,就是难得的佳肴。他们住的是草棚,穷得连一条裤子都买不起。如此艰难的盐民生活,在谚语中都得到一一证实。

富家有剩饭,路有饿死人。
富翁一席酒,盐民半年粮。
盐民三日粮,公家一伏火。
昨听鬼车声,夜来愁杀我。

这组盐民谚语,在真实反映盐民穷苦生活的同时,也对地方贪官污吏和盐商的骄奢生活作了有力的抨击。

七月风潮水,八月神鬼天,九月菊花水,十月盐归土。
烧盐蛮子熄火穷,穷奔沙滩富奔城。

这组盐民谚语,写的是盐民熄火后的忧愁。每年的七、八、九三月,阴雨连绵,无卤煎盐,这是对盐民生活最大的威胁,也是对盐民最致命的打击。特别是到了隆冬季节,盐民们更是雪上加霜,他们只好靠野菜和胡萝卜充饥度日。"灶户忧卤少,点点滴心窝",真实反映了盐民无卤煎盐时的悲痛心情。"熄火穷,熄火喝西北风"也就成了当年盐民最为流传的话语。

二、歇后语

歇后语是一种特殊的语言形式,将一句话分成两部分来表达,前一部分是隐喻或比喻,后一部分是意义的解释,是能够深刻地反映地方文化特色的文字游戏。关于盐的歇后语正是这样具有鲜明的地方特色和浓郁的生活气息的创造,幽默风趣,耐人寻味。

1. 谐音类

干咸菜烧肉——有言(盐)在先

炒咸菜不放盐——有言(盐)在先

炒咸菜放盐巴——太闲(咸)了

吃挂面不调盐——有言(盐)在先

一斤肉放进四两盐——闲(咸)人

吃多了盐——尽讲闲(咸)话

喝盐开水聊天——尽讲闲(咸)话

口含盐巴拉家常——闲(咸)话多

葵花籽里拌盐水——唠闲(咸)嗑

打油的不买盐——不管闲(咸)事

盐场罢工——闲(咸)得发慌(荒)

盐场的伙计——爱管闲(咸)事

盐店里谈天——闲(咸)话多

盐堆里的花生——闲人(仁)

盐堆上安喇叭——闲(咸)话不少

盐罐里露头——闲(咸)人

盐老板抱琵琶——闲谈(咸弹)

猪蹄子不放盐——一只旦角(淡脚)

盐堆里爬出来的人——闲(咸)话不少

盐店的老板转行——不管闲(咸)事了

盐店里卖气球——闲(咸)极生非(飞)

从盐店里闹出来的伙计——闲(咸)得发慌

虾子掉在盐堆里——忙(芒)中有闲(咸)

2. 喻事类

生盐拌韭菜——各有所爱

盐碱地里的庄稼——死不死,活不活

一打醋,二买盐——两得其便

桶水两盐——淡而无味

鸡蛋换盐——两不见钱

口渴喝盐汤——徒劳无益

3. 喻物类

卖盐的喝开水——没味道

挑盐巴腌海——尽干傻事

盐缸里出蛆——稀奇

盐里生蛆虫——怪事一桩

油盐罐子一对儿——形影不离

炒菜不放盐巴——乏味

麻绳蘸盐水——越来越紧

八宝饭里撒盐巴——又添一味

4. 故事类

张飞贩私盐——谁敢检

第三节　水神信仰与祭祀

古代社会，盐民抵御自然灾害的能力有限，加之缺乏相应的科学知识，往往倾向于求助神灵解决自身诉求，通过修建各类庙宇祠堂进行供奉、祭祀来取悦神灵，借此寻求庇佑，获得心灵上的慰藉，水神信仰便是其中一类。通常来说，愈是濒临江海、水网密布、水害频发的地域，水神崇拜愈加发达，这正是海盐产区水神信仰氛围相对浓厚的重要原因。盐区百姓既信仰诸如海神、龙王、天妃等海神，也信仰金龙四大王、禹王等河神，还有对诸如范仲淹、潘季驯、黎世序等治水功臣的崇祀。

一、海神信仰

海盐产区由于临近大海，无论是制盐、出海航行、捕鱼，抑或农业生产，均与大海有着密切关联，因此有着对海神信仰的强烈需求。

（一）海神

盐民在面对海洋以及利用海洋的过程中，对于广阔无垠的大海，以及诡谲的潮汐变动，尚不具备认知能力，无法科学地去解释一些海洋现象，出于对大海的恐惧与敬畏，他们认为大海的运作乃是由某种神秘的力量所主导，这种超自然的力量就来自于海神。这里的海神并没有具体所指，应该是比较原始的自然神崇拜。为此，地方百姓建构庙宇，供奉香火，希冀能够保障生产、生活的顺利进行，比如东台海神庙，建于嘉靖二十五年，兴建原因主要是因海潮频发，为避免海潮，由场大使周犷主持建设。①

（二）龙王（神）

龙在历史上并非真实存在的实体，而是"中国古人对蛇、鳄、鱼、蜥蜴、鲵、猪、马、牛、鹿、虎、熊等动物，和雷电、云、虹霓、龙卷风、星宿等自然天象多元融合而产生的一种神物"②。传统中国作为农业社会，只有风调雨顺、旱涝适宜，谷物才有丰收的可能，百姓才能存活，国家方能借此课税，维系社会的常态化运转。而龙生性喜水，善飞行，可通天入地，行云布雨。这种功用正好契合了人类社会对于农业发展的潜在需求，因此民间的龙神信仰很早就已开展，在全国各地皆有分布，后又逐步被纳入国家祀典。自宋代以后，龙王又从雨神日渐成为守护海洋平安的神祇。尤其到元代，由于定都北京，又采用海运的方式转运江南钱粮，因此维护航运安全成为国家的急迫需求，对龙王崇祀日隆，"北沙有龙王庙，创自元人，盖为海运云"③，龙王的海神形象日渐凸显。

沿海地区自北宋以来，就兴建了大量的龙王庙。以两淮盐场为例，东台龙王庙，一在县南门盐义仓内，一在县东水关处。④ 盐城龙王庙一在县治东门外，万历十年知县杨瑞云修，光绪十四年知县王敬重修。另在上冈、伍祐场、新兴场皆有龙王庙。⑤

阜宁县龙王庙尤多，北沙龙王庙建于宋熙宁年间（一说元代），定海门外龙王庙建于明景泰年间，三泓（泓）龙王庙建于嘉庆十七年，另外在大套、辛家荡、天赐场、纪家锅、正兴集、高家庄等处皆有庙。这些龙王庙中，又以北沙龙王庙最为灵验。

北沙龙神据说是淮阴人钟先，宋人，为人聪颖正直，死后成神。到南宋孝宗淳熙年间，因为屡次捍御旱灾有功，而被封为"显祐龙君"。元代以来屡有灵验：至顺年间，黄河失道，海口拥沙难于疏通，治水官员祷于龙王，不久海潮大作，拥沙而去，经奏请后封为广输龙王。每当"海水涨溢，受害者不啻千里，

---

① 《嘉庆东台县志》卷13《祠祀》，第549—550页。
② 庞进：《中国龙文化》，重庆：重庆出版社2007年版，第3页。
③ 《光绪阜宁县志》卷2《建置》，第12页。
④ 《嘉庆重修扬州府志》卷26《祠祀二》，第437页。
⑤ 《光绪盐城县志》卷2《舆地志下》，第44页。

而北沙晏然"。又当时漕船经北沙地区出淮入海,此前必定于此祭祀祷告,元代吴槐孙有《北沙龙神显佑庙碑》,谓"龙神祠宇,惟海口北沙最灵,虽僻在海峤,然自淮出海,举目鲸波,一碧万里,飓风不时而兴,秘怪不期而作,凡往来之舟,必祈灵于龙神以决进止……迄今运粮海艘过祠者,莫不致祷,应声如响,越大洋如坦途"。① 又道光二十一年七月"有巨鱼吹浪,横截黄河海口,水几漫埽,兵民震恐,祷于三泓龙神庙,鱼即随潮退"②。如果排布时间,从北沙龙王的个案可见龙王从原始的动物神信仰日渐地拟人化,在雨神属性之外,更多地成为保护海船出行甚至防潮御灾的海神,集二者功能于一身。需要交代的是,地方上祭祀海神在每年的春秋二季,与风雨雷电山川坛共同祭祀。龙王祭祀与海神祭祀并不冲突,有的地区既有龙王庙,又有海神庙。

（三）天妃

天妃原名林默,福建莆田湄洲屿人,乃闽都巡检林愿第六女。关于其确切生卒年龄,说法很多,难于考实,一般认为其出生于宋建隆元年(960),逝世于雍熙四年(987)。③ 据说她生前即可预知祸福,死后则往来海上,保护商船、渔民出行平安,屡有灵验,遂得地方百姓虔诚祭祀。宋宣和年间,"给事中路允迪使高丽,中流遇风,他舟皆溺,独集路舟得免,还奏,特赐庙号曰顺济。绍兴乙卯,海寇至,神驾风一扫而遁,封昭应崇福",庆元、开禧、景定间又累次加封,最终使其由地方性神祇转变为全国性神祇。以后历代皆有加封,元至元间,因为保护海运屡有奇应,被加封为天妃。明永乐间敕建天妃庙,赐名宏仁普济天妃,并遣太常寺按时致祭。④

天妃作为海神,"凡濒海郡邑,咸建庙崇祀之"。盐城滨海,举凡建堤御潮、海上航行,皆仰赖其庇佑。盐城天妃庙(一称天后宫)早已有之,万历八年(1580),知县杨瑞云重建,乾隆六年(1741)地方海船商人再次出资重建,分为东、西二庙,"其神最著灵异,郡邑之人,有所祈于神者,皆应之如响",如万历八年塞盐城石硅口时,海水湍急,莫能施工,后赖天妃庇佑,得以功成。⑤ 再如光绪十九年(1893),"邑人筑堰捍潮,潮益盛涨,埽几不保,群奔祷于庙,获转危为安"⑥。

---

① 《光绪阜宁县志》卷2《建置》,第11页。
② 《光绪阜宁县志》卷24《丛志二》,第19页。
③ 参见徐晓望:《妈祖信仰史研究》,福州:海风出版社2007年版,第29-32页。
④ 参见赵翼:《陔余丛考》卷35《天妃》,北京:中华书局1963年版,第760页。
⑤ 《万历盐城县志》卷10《艺文志二·重修天妃庙碑记》,第418-419页。
⑥ 《光绪盐城县志》卷2《舆地志下》,第44页。

二、河神信仰

海盐产区的河神信仰主要包括金龙四大王与禹王信仰。

（一）金龙四大王

金龙四大王是明清时期盛行于黄河与漕河沿线的水神，相传为谢绪死后所化。谢绪，会稽人，南宋诸生，据说是理宗皇后谢道清的侄子。谢绪因内有权奸乱政，朝纲不举，外有蒙古进攻，失城丧地，知宋祚不久，便不入仕途，筑望云亭于金龙山巅，读书自娱。到德祐二年（1276），临安失守后，谢绪不忍苟活，投水殉国。死后化为水神，屡次显灵，因其死后葬于金龙山，加之在家排行老四，故被封为金龙四大王。明太祖朱元璋起兵后，曾梦到谢绪，言必助之取胜，"会傅友德与元左丞李二战吕梁洪，士卒见空中有披甲者来助战，元遂大溃"，会通河开通后，舟楫过河时祈祷无不应验。[①] 明正统以后，黄河屡次冲决张秋运道，妨碍漕运。为了消弭河患，河臣题请祭祀水神，景泰七年（1456），"建金龙四大王祠于沙湾，命有司春秋致祭，从左副都御史徐有祯奏请也"[②]。自此以后，明清政府曾屡次加封，颁发匾额，并敕建庙宇，遣官专祭，以护佑河漕。[③]

金龙四大王庙分布较广，"江淮一带至潞河，无不有金龙大王庙"[④]。明清时期，由于黄河长期侵占淮河下游河道，盐城地处尾闾，遭受黄河水害较重，因此对大王的敬祀就显得格外隆重，庙宇众多，盐城大王庙分布于县西门外、南洋岸、北洋岸、上冈镇、伍祐场。[⑤]

阜宁大王庙多达十余处，除文峰旧址外，"又大套、大通口、孟工卫滩、七巨港、九套、沈家滩、北沙、樊家桥、童家营、苏家嘴、裴家桥、杨家集、东沟、益林、新河口均有之"[⑥]。

---

① 赵翼：《陔余丛考》卷 35《金龙大王》，第 761 页。
② 《明英宗实录（废帝郕戾王附录第九十一）》卷 273，景泰七年十二月戊申，台北"中央研究院"历史语言研究所 1962 年校印本，第 5765 页。
③ 王元林、褚福楼：《国家祭祀视野下的金龙四大王信仰》，《暨南史学》2009 年第 2 期，第 210－211 页。
④ 赵翼：《陔余丛考》卷 35《金龙大王》，第 761 页。
⑤ 《光绪盐城县志》卷 2《舆地志下》，第 44 页。
⑥ 《民国阜宁县新志》卷 2《祠墓》，第 200 页。

东台大王庙多由商人捐修，分布于西门外、南门盐义仓巷内、东水关、安丰、小海、西团、梁垛等处。[①]

（二）禹王

禹，名文命，是中国最为著名的治水人物。据传是夏王朝的开国君主，其父为鲧，按照世系，他是颛顼的孙子，黄帝的玄孙。关于大禹治水的经过，《史记》中有详细的记载：上古时期，洪水泛滥成灾，百姓死亡流徙，一片惨状。帝尧广求天下治水英才，在众人的推举下，用鲧治水，然而"九年而水不息，功用不成"。舜摄政后巡视天下，更是目睹鲧之治水无能，于是将鲧处死于羽山，用鲧之子禹继续治水。禹与益、后稷等人一路穿山越岭，测定高山大川，劳虑焦思，在外十三年，过家门而不入。他节衣缩食孝敬鬼神，居于陋室以节资治水。陆路、水路、山路、沼泽皆留下了他的足迹。他左持准绳，右握规矩，装载测时仪器，"开九州，通九道，陂九泽、度九山"，经过艰苦卓绝的努力，山川河流井然有序，从此九州一统，天下太平。[②] 因禹治水功绩伟大，人们为了表达对他的敬仰，尊其为"大禹"，后世多设庙祭祀。

明清时期，盐城饱受黄淮水灾，因此将大禹视作保护神，建设禹王庙予以供奉，祈求减轻水害。据现有文献，盐城地区禹王庙仅存于阜宁云梯关平成台，康熙三十九年(1700)，总河张鹏翮利用崇福寺旧址改建而成，庙有匾额，上有"法海津梁"四字，为总河于成龙手书。到乾隆二十九年(1764)，江南河道总督高晋又增建了后殿，专祀禹王，并划柳田三百亩作为香火院田。[③]

三、治水功臣崇祀

"捍灾御患，秩在祝典，古之制也"[④]，盐城地区的治水名臣主要有宋代捍御潮灾有功的范仲淹、张纶、胡令仪，明清时期治理黄淮有功的潘季驯、黎世序以及百龄。对这些治水名臣的祭祀，一般也被认为属于水利人格神崇拜。[⑤]

---

① 《嘉庆东台县志》卷 13《祠祀》，第 548 - 549 页。

② 司马迁：《史记》卷 2《夏本纪第二》，北京：中华书局 2008 年版，第 49 - 77 页。

③ 《民国阜宁县新志》卷 2《祠墓》，第 195 页。

④ 《嘉庆东台县志》卷 36《艺文志·草堰范文正公祠记》，第 1380 页。

⑤ 张崇旺：《明清江淮地区的自然灾害与社会经济》，福州：福建人民出版社 2006 年版，第 567 - 575 页；胡梦飞：《明清时期苏北地区水神信仰的历史考察——以运河沿线区域为中心》，《江苏社会科学》2013 年第 3 期，第 230 页。

（一）潘公祠

潘季驯（1521—1595），字时良，乌程人，嘉靖二十九年进士，四十四年以右金都御史总理河道，后丁忧去职。隆庆四年再次督理河道，塞邳州、睢宁决口，不久遭弹劾再次离职。隆庆及万历初年，黄淮交相溃决，黄河决柳浦湾而东，直注盐城；清口淤塞，淮水难以畅出入海，南下冲决高家堰湖堤、里运河河堤，而直注下河，盐城受黄、淮之灾，悲惨异常。其时河漕尚书吴桂芳与总河都御使傅希挚意见不一，执行不下。到万历六年，再以潘季驯任总河，他指出需要先塞黄河决口，然后修筑遥堤以防溃决。针对黄强淮弱的情形，潘季驯指出可高筑堤堰，束水攻沙，"淮清河浊，淮弱河强，河水一斗，沙居其六，伏秋则居其八，非极湍急，必至停滞。当借淮之清以刷河之浊，筑高堰束淮入清口，以敌河之强，使二水并流，则海口自浚"，于是条理章程，开工兴筑，此次修理，使得黄淮在一定时期内得以安流，诚如万历十三年御史李栋所言："数年以来，民居既奠，河水安流，咸曰：'此潘尚书功也'。"[1]由于潘季驯治河，盐城地区的水利环境转优，水患暂时停息，农业生产得以恢复，"向所淹没田毕出，畹呻绵连，塍爱绮错，盐人竟请牛种，事春耕，扶犁荷笠，相望陇亩间，流民归复故业，鳞萃群至，构黄茅屋，种榆植柳，暖暖成村落。是年秋，黄云弥望，则皆酿酒相贺，得复见平成之盛日，所以使我离昏垫而享穰岁、知有生之乐者，咸督抚公之赐也"[2]。

百姓受此大恩，于是向知县杨瑞云题请为潘季驯建立生祠，获允，于万历八年建祠于县北菊花沟。该祠有正堂三间，东西厢房各三间，三门三座，大门三座，卧房三间，厨房三间，耳房三间，四照亭一座，碑亭一座。祠堂中塑潘公像[3]，碑亭中为南京礼部尚书何维柏所作《尚书潘公生祠记》，认为"潘公视范公（按：范仲淹），其功尤溥，其事尤难"，理应为之建祠，以彰大功。[4]

（二）黎百二公祠

阜宁县三泓子龙王庙内，有黎百二公祠，因清嘉庆、道光年间，黎世序、百

---

① 张廷玉等：《明史》卷223《列传第一百十一·潘季驯》，北京：中华书局1974年版，第5869－5871页。

②《万历盐城县志》卷10《艺文志·尚书潘公生祠记》，第404页。

③《万历盐城县志》卷2《建置制》，第100－101页。

④《万历盐城县志》卷10《艺文志·尚书潘公生祠记》，第407－408页。

龄治水有功，因而合祀于此，但谓"黎世序、百龄相继为南河总督"则不确。①

黎世序(1772—1824)，字湛溪，河南罗山人，嘉庆元年进士。历任星子知县、镇江知府等职，嘉庆十七年署理南河河道总督，此后直至二十五年，道光二年至四年又任河道总督。黎世序任职后，经过考察，发现清江浦至云梯关一带黄河淤塞严重，较之河底深通时高出八九尺，非人力所能挑办，指出唯有蓄清刷黄才能冲淤，为此必须修筑堰、盱二厅堤工，获允。又题请浚清口淤塞处，自束清坝自御黄坝挑引河三道。鉴于高堰仁、义、礼三坝因屡次开放废坏，题请移建于蒋家坝附近山冈，各挑引河，后因礼坝改为草坝，只挑仁、义两坝引河，用以分减余水。经过这一系列治理，清水得以畅出会黄，黄河下游河道亦为刷深。黎世序治水思路清晰，而且身先士卒，治理南河期间，每年精简经费多达几十万，治河实有大功。② 同治间，被敕封为孚惠黎河神。③

百龄(1748—1816)，字菊溪，汉军正黄旗人，乾隆三十七年进士。历任山西学政、顺天府丞、刑部尚书、左都御史等职。嘉庆十六年，授两江总督，十八年为协办大学士，总督如故，不久病逝。可见其从未担任过南河总督，应为两江总督。《阜宁县新志》之所以出现错误记载，可能是因为两江总督也有负责辖区内治水职能，且有较大话语权的原因。当时黄河下游不畅，上游绵山拐、李家楼等处漫溢不止，"论者谓河患在云梯关海口不畅，多主改由马港新河入海"，百龄亲自查勘黄河下游河道，发现海口并无高仰迹象，亦无沙阻水入海，认为并无重新开河之必要，而是主张修浚正河。同时题请修复王营减坝、加挑灶工尾以下河身，在黄河两岸继续接筑新堤，于七套增建减水坝等项工程。同时也与黎世序共同推动了修筑高堰堤工、移建三坝开浚引河工程的开展。④

因为百龄与黎世序的主要治水工程有所重叠，共同使得嘉庆后期的黄淮局势有所改观，治理有功，所以被合祀在一起。

（三）三贤祠

所谓"三贤"，乃宋代江淮制置发运使张纶、淮南转运使胡令仪、监西溪盐官范仲淹，三人合祀，是因为他们共同成就了范公堤这一伟大工程。三人于筑堰之功绩，诚如明人张文所言，"夫海潮之为斯患，前此之为守宰者，凡历几

---

① 《民国阜宁县新志》卷2《祠墓》，第201页。
② 赵尔巽等：《清史稿》卷360《列传第一四七·黎世序》，第11378-11380页。
③ 赵尔巽等：《清史稿》卷84《志第五九·礼三》，第2549页。
④ 赵尔巽等：《清史稿》卷343《列传第一三〇·百龄》，第11133-11135页。

人？而公以盐职之卑，了不相系，乃独身任其责，而昔之所谓先忧后乐者，言岂妄乎哉！当时是，公有欲为之志，而无可为之柄，不有张公为之荐达，欲图斯役，难矣。役事方殷欲中辍，不有胡公为之主张，又安望其成功哉？范公倡之，二公和之，盖皆有功于斯堰，有惠于吾民"①。三贤于盐城功莫大焉，当地百姓报本追源，建祠祭祀，认为他们的神灵必定保佑此地，"胡、张二公能与文正协力以成大功，则其心之正大、才之有为，可知矣。是皆吾人所景仰而尊崇之者也，其浩然之气流行于宇宙，永永不息。况其精神心术之所在如捍海堰者，其神岂不眷眷于此哉"②。

（嘉庆）《东台县志》"张纶"条谓"州民利之，为立生祠"，"范仲淹"条则有"民为立张范祠祀之"；到"胡令仪"条，则载为"堰成，民卒利之，州人合祀于张范二公之祠，为三贤祠"③，可见三贤祠的形成有一个逐步增入的变动过程。

三贤祠主要分布于各个盐场，始建于宋代，历代屡有加修重建之举。阜宁县三贤祠在县城南门外。东台县三贤祠较多：一在县治鼓楼南，嘉靖十三年御史陈镐于故址重建，二十三年分司袁才改建于明真观西南隅；一在西溪镇，宋代始建，元代寝废，天顺六年巡检李诚重建，正德七年盐法御史朱冠、分司谢贵加修；一在何垛场；一在富安场，建于明代，乾隆五十七年移建于礼贤坊；一在梁垛场；一在安丰场，嘉庆十八年大使谭际时捐修；一在角斜场，天启五年分司徐光国建；丁溪、草堰、小海三场原亦有祠，至晚到清代嘉庆年间已经废弃不存。现属如东的栟茶场亦有三贤祠，建于明代天启年间。④

（四）范公祠

范公祠所祀乃宋代范仲淹，其为西溪盐官时，见海水时常漫溢，倡议修筑捍海堰抵御潮灾，堤成后，"海滨沮洳斥卤之地，悉成良田，而民获奠居，其为惠利甚大以溥也"⑤，当时百姓建祠祭祀，主要在于感念其功德。后世屡有改修重建之举，则有着多重目的：一则捍海堰长久地发挥着御潮作用，地方百姓仍受其遗泽，生生不忘，"遗德在民，感而建祠，所以致崇报意也"⑥，这是对范

① 《嘉庆东台县志》卷 36《艺文志·西溪三贤堂记》，第 1391—1392 页。

② 《嘉庆东台县志》卷 37《艺文志中·重修西溪三贤祠碑记》，第 1454 页。

③ 《嘉庆东台县志》卷 20《名宦》，第 785—787 页。

④ 《嘉庆东台县志》卷 13《祠祀》，第 557—558 页。

⑤ 《嘉庆东台县志》卷 36《艺文志·草堰范文正公祠记》，第 1378—1379 页。

⑥ 《嘉庆东台县志》卷 36《艺文志上·小海范文正公祠堂记》，第 1402 页。

仲淹功绩的持久性认可;一则也有激励为官当地者的意图。这在清人沈龙翔《西溪范文正公祠记》有过论说:范仲淹当时虽然只是盐官,但未因职务卑微而为官不为,而是积极谋划利民之事,可见其爱民之心已远胜先前在此为官之人。若地方官皆如范仲淹般爱民如子,尽心尽职,则地方必治,天下亦会大治。范公祠对为官当地者既是一种警示,也是一种激励。再则新建重修范公祠之举多在明代中叶以后,实因该地水旱灾害频发,希冀范公之灵庇佑。"民岁困于水,饥饿疾病之后,老幼之获保其生者,鲜矣。假以公处此,必且仓皇措置抚恤,噢咻之不暇,有什伯于盐官时者。而惜乎公之不可复作也,庶几赖公之灵,默庇吾民,使吾民卒免于水,以渐复其田庐衣食之旧"[①]。

盐城县范公祠原在儒学大门外,为嘉靖四十五年教谕郑文升所建,万历九年知县杨瑞云重修,后改建于县东门外,顺治十三年知县贾国泰重修。[②] 西溪、草堰场、小海场、富安场皆有范公祠。[③] 现属如东之栟茶场亦有范公祠,为乾隆三年大使李庆生重建。[④]

历史上的海盐盐产区,既有为了抗击海潮而建设的举世闻名的范公堤,也有为了抵御水旱灾伤而修筑的大量河渠、闸坝与圩岸,在抗灾、防灾的过程中形成了相对浓厚的海神和水神信仰。信仰习俗表面上看起来似乎是迷信。但是在一定的历史条件下,它却反映了人们的自然观和社会观,保存着一定历史时期的社会情况,从信仰仪式来看,民众信仰天地万物皆有神灵,因而可以通过各种巫术和拜祷的方式,使这种神秘的信仰意识在心里得到一种慰藉和超脱。实际上它是中国这个灾荒国度里,人们对频仍灾害所作的一种心理调适,是人文避灾减灾的一项重要内容,长此以往,形成了一种习俗流行于民间。

思考与研讨

1. 采访当地居民,了解地方生产生活习俗与海盐生产习俗的区别与联系。

2. 查阅网络资料,了解"盐"的生活用途。

---

① 参见《嘉庆东台县志》卷 36《艺文志上·西溪范文正公祠记》,第 1436-1437 页。

② 《乾隆盐城县志》卷 10《祀典》,第 2 页。

③ 《嘉庆重修扬州府志》卷 26《祠祀二》,第 437 页。

④ 《嘉庆东台县志》卷 13《祠祀》,第 564-565 页。

参考文献

1. 赵启林主编,张银河著:《中国盐文化史》,大象出版社,2009 年版。
2. 孙永有主编:《海盐文化论丛》,盐城市海盐文化研究会,2006 年。

资料拓展

一、作肉酱法

牛、羊、獐、鹿、兔肉皆得作。取良杀新肉,去脂,细锉。晒曲令燥,熟捣,绢筛。大率肉一斗,曲末五升,白盐两升半,黄蒸一升,盘上和令均调,内瓮子中。泥封,日曝。寒月作之。宜埋之于黍穰积中。二七日开看,酱出无曲气,便熟矣。买新杀雉煮之,令极烂,肉销尽,去骨取汁,待冷解酱。

二、作鱼酱法

去鳞,净洗,拭令干,如脍法披破缕切之,去骨。大率成鱼一斗,用黄衣三升。白盐二升,干姜一升,橘皮一合。和令调均,内瓮子中,泥密封,日曝。熟以好酒解之。

——《齐民要术》卷八

扫码看看

《扬州盐商》 第一集 吴盐胜雪

https://tv. cctv. com/2017/08/10/VIDE6ROqvU9Bq9sf9RefQJO21708 10.shtml? spm＝C55924871139.PY8jbb3G6NT9.0.0

第八章　海盐遗迹

海盐文化物质遗存是指海盐生产场地、工具、运销码头、器具、盐政管理官署建筑、碑刻,盐民日常生活场所等,其中不可移动的海盐物质文化遗存主要有古遗址、古墓葬、古建筑等。它们从不同角度反映出盐业在城市发展的经济、政治、文化状况,它们是海盐文化的"活化石",古遗址和古地名有着独特的文化意蕴。本章以海盐文化的典型城市代表——盐城为例,简要介绍海盐遗存遗址。

第一节　海盐古遗址

随着时代的发展和生产方式的变化,大多盐业工具和盐政管理衙署已成历史陈迹,只在史书略见记载。现存不多的盐业遗址仍能见证当初海盐生产和集散的繁华。

一、盐运集散地——草堰古盐运集散地保护区

草堰镇南和东台市接壤,北与北驹镇为邻,东连西团镇,西有串场河为界与兴化境相望,204 国道在镇东侧穿镇而过。它是由最早见于宋代史籍记载的丁溪场、小海场和草堰场(竹溪)三个古盐场组成。三个盐场略呈"品"字状布于始筑于唐宋年间的范公堤两侧。三场均于明洪武二十五年(1392)始建衙署。丁溪场署,现草堰镇南,距镇中心 2 千米左右,范公堤西,串场河东,清乾隆间向东迁至沈灶;小海场署,建于今草堰老镇区内东南端;草堰场署,建于今草堰老镇区内北端,清咸丰间向东迁至西团。

清雍正十三年(1735)白驹场归并于草堰场。清乾隆三十三年(1768)小海场撤并丁溪场。民国元年(1912)刘庄场撤并于草堰场。其时现草堰镇境内的两个盐场成为南界东台,北邻盐城县,东至大海,方圆数百平方公里内的海盐生产、集散中心。到民国二十年(1931)丁溪盐场亦并归于草堰盐场,草

堰场便成为这一地区最后的淮盐生产管理和集散中心。[①] 到 1949 年,在今大丰成立台北盐场,草堰场最终成为了历史,取而代之的便是一个普通集镇。1995 年江苏省政府公布其为"古盐运集散地保护区",提示人们该镇昔日的重要历史地位和独特的文化内涵。

草堰古盐运集散地保护区遗迹主要集中于草堰、丁溪夹河两侧,包括夹河、街巷及民居、桥梁和水闸、码头,以及与之相连的串场河、范公堤等,足见这一区域海盐生产运销的繁盛状况。[②]

草堰古盐运集散地形成于宋代,鼎盛于明清,结束于民国初年。其历史过程,集中体现了古代海盐生产地盐运集散基本方式,集中反映了苏北沿海集镇形成与发展过程。苏北沿海的主要集镇,包括城市都是由盐场发展而来。草堰古盐运集散地的历史文化遗存,集中地反映出它们的共同特点。

图 8-1 草堰古宁桥

图 8-2 草堰夹沟河桥

二、盐脉工程——范公堤

大海一方面为海盐业的发达提供了得天独厚的自然条件,另一方面,海潮海啸也给灶民的生命财产带来巨大威胁。所以,修筑防护的海堤海塘至关重要。范公堤是我国海塘建设史上一项伟大的工程,有"束内水不致伤盐,隔外潮不致伤稼"的功能。

唐以前,盐城地区沿海滩涂坦荡,海潮时常肆虐,破坏亭灶,淹没田庐,灾害频繁。唐大历年间(766—779),淮南黜陟使李承筑起一道北起盐城,南抵

---

① 大丰县编修县志委员会:《大丰县志》,南京:江苏人民出版社 1989 年版,第 164 页。
② 详细记载参见:《史海盐踪——盐城海盐历史文化遗存》,《盐城文史资料》(第 28 辑),北京:中国文史出版社 2015 年版,第 259-262 页。

海陵的捍海堰。堰成以后,抵御风潮,堰内谷物常丰,故又称"常丰堰"。常丰堰"遮护民田,屏蔽盐灶,其功甚大"①。但到宋代时,因年久失修,终于经不起海潮的冲击与侵蚀,日渐颓圮。大潮来时"远听若天崩,横来如斧戕",失去了对农田、盐灶的保障作用。北宋天禧五年(1021),范仲淹到西溪任盐仓监,目睹"风潮泛滥、淹没田产、毁坏亭灶",提议发通、泰、楚、海四州民工更筑捍海堰。康熙《扬州府志》记道:"天圣初,范仲淹监西溪盐仓,力请发运史张纶叠石重筑",他的主张得到张纶的赞同,并经张纶转奏宋仁宗,遂奉旨重筑捍海堰。据嘉庆《东台县志》载:"自五年秋,越六年春堰成。长二万五千六百九十六丈六尺,计百四十三里,趾厚(宽)三丈……服筑坚固,砖甓周密,潮不能侵。自是流移复业者三千余户,人呼为范公堤,以仲淹力赞之也。"该堤北自刘庄附近与盐城市边境,唐时旧堰相接,南延伸至东台富安一带,"民得安居,农子盐课,两受其利"。明末清初诗人吴嘉纪在《咏范公堤》诗中写道:"茫茫潮汐中,矶矶砂堤起,智勇敌洪涛,胼胝生赤子。西塍发稻花,东火煎海水,海水有时枯,公恩何日已。"②范公堤修筑以后,又经后人多次增筑(见下表)。此后基本上形成了一条南起南通吕四场,北止盐城庙湾场,纵贯苏北中部的御潮屏障,有效地保护了沿海人民的生命财产及经济开发活动,使盐城、兴化、海陵一带受益颇大。后人为纪念范仲淹的这一历史功绩,不但称该堤为"范公堤",而且在盐城、阜宁建有范公祠,在东台西溪建有"三贤祠",供有范仲淹、张纶、胡令仪的塑像。

表8-1 范公堤延筑一览表③

名　称	时　间	出　处
狄堤	宋庆历中 (1014—1018)	光绪《通州志·河渠》载:"庆历中知通州狄遵礼修海堰。"
沈公堤	宋至和中 (1054—1055)	万历《通州志·古迹》载:"沈公堤在县治东北,宋至和中海门知县沈兴宗(沈起)以海涨病民,筑堤七十里,西接范堤以障卤潮。"
皇岸	宋乾道七年 (1171)	嘉庆《东台县志》"水利篇"记:"乾道七年,知州徐子寅兴工修治。"

---

① 《光绪阜宁县志》疆域二。
② 中共盐城市委宣传部编:《盐城史话》,南京:江苏古籍出版社1987年版,第20页。
③ 转引自凌申:《历史时期江苏古海塘的修筑与演变》,《中国历史地理论丛》,2002年第6期。

续 表

名 称	时 间	出 处
桑子河堰	宋淳熙四年 (1177)十月	《天下郡国利病书》载:"五年又筑桑子河堰,自是潮不 为灾"。
老岸	明嘉靖二十九年 (1550)后	乾隆《通州志山川》载:"嘉靖十九年潮变,海门知县汪 有信执请复修堤。"
包公堤	明隆庆三年 (1569)	《两淮盐法志》载,包柽芳见"各灶煎烧荡户在堤外者 十居七八,若自彭家口直接石港,迁迴十五六里,虽为 费颇多,筑堤本以捍卫……遂议修外堤曰包公堤"。
姜公堤	明万历间 (1573—1619年)	海门县姜天麟建造,运司判官李澜督造,俗称"新岸"。 堤外有非字港、二漾口、大横口、夹港,俱北通海。
石港新堤	明代所筑	万历《通州志·河渠》载:"(皇岸)南接北港新堤。"
嵇公堤	清雍正十年(1734)	《东台县志》载:"东台人周尧天等呈请河道总督嵇曾 筠奏准修建","长五千三百五十丈,形如半壁",又云 "盖栟茶去海甚迩,海潮泛涨,虽有范堤不能捍御,故 筑夹堤为防,后人德之,呼曰嵇公堤"。
李家堡堤		嘉庆《东台县志》载:"李家堡自角斜至老鹳嘴、富安, 界长二千一百丈。"

(表格来源:凌申:《历史时期江苏古海塘的修筑与演变》,《中国历史地理论丛》2002年第6期)

沿海地区捍海堰的修筑,一定程度上减轻了内河洪水和沿海海水的肆虐和危害,盐业、农业两收其利,范公堤是当时海岸线的人工标志。随着海岸线东迁,古老的范公堤距海渐远。光绪三十一年(1905年)修筑通榆公路(204国道前身)时,公路中段从东台富安到阜宁射阳河南岸全部利用为公路路基。随着公路交通事业的发展,204国道不断迁址拓宽,古范公堤的遗址已大多不见,现存范公堤残段在草堰镇境内。

三、运盐河——串场河

串场河是里下河地区横贯南北的人工内运河道,南自海安徐安坝,北至庙湾,全长200余千米。唐代大历年间,淮南黜陟使李承任淮南节度判官时,率民众在海陵以北沙坝上兴筑一条长70多千米的捍海堰,该堰保护了堤西农田,百姓称之为"常丰堰",又叫"李堤"。因筑堤取土而挖成的河流,就是串场河最初的复堆河。后来常丰堰年久失修,渐渐失去挡潮功能。北宋天圣元年(1023),范仲淹在其基础上,筑成捍海堰。

各盐场为了运盐方便,先后都沿范公堤一线而建仓,复堆河则以范公堤为屏障,串通境内富安、安丰、梁垛、东台、何垛、丁溪、草堰、小海、白驹、刘庄、伍佑、新兴、庙湾13个盐场,"串场河"由此而来。

该河因泰州盐运分司设在东台,故以东台海口为界,分南、北两段。据盐城、东台、阜宁旧志记载,元明清几百年间,串场河先后疏浚了几十次。清康熙四十五年(1706),都统孙渣齐奏准开挖盐城至便仓段22.5千米。乾隆三年(1738)大理寺卿汪隆奉旨开挖盐城至阜宁段60千米。至此,南北串场河全面贯通。

串场河是沿线盐业繁荣兴旺的承载者和见证者。当年"夹岸云光笼夜日,片帆秋色带江涛"的景象记录了串场河盐业运输的繁忙。随着岁月的流逝,当年"舳舻片来,恒以千计"的运盐通商的景象经不在。民国年间及新中国成立后,南北串场河又屡经疏浚,并几经裁弯拉直。后来,南串场河地位逐渐被通榆河替代,北串场河仍起到通航、排水和引水的作用。

表8-2　串场河的历次疏浚

年　份	疏浚内容
1269(南宋咸淳五年)	两淮制置使李庭芝利用范公堤复堆河,开浚串场河南段,使得各场盐河相通
1706(清康熙四十五年)	都统孙渣齐奏准开挖盐城至便仓段20多千米
1738(乾隆三年)	大理寺卿汪隆奉旨开挖盐城至阜宁段60千米
1954	盐城轮船码头和梁垛至鲻鱼港等段
1955	清除抗战时为击敌放置的水下暗桩585根
1959	大站河浅滩
1963	盐城纱厂段和新兴场段,并实施东台城河段改造
1965	南新河浅滩,并实施刘庄裁弯
1972	新兴段裁弯、刘庄南段
1973	东台城西侧河段改道
1977	盐城电厂至新兴场段
1978	新兴段、大潭口段和草堰段
1982	便仓段裁弯
1984	丁溪段裁弯、陈庄段

四、伟大的水利工程——宋公堤

　　海平面的东退使得盐城可供利用的土地资源日益增多，但是土地开发离海愈近，意味着面临海潮的风险愈高，为了确保生产的进行，必须另筑新堤，以资捍御。晚清以来，在盐城境内曾兴筑过诸多堤堰，但其中最为著名的还是新民主主义时期在共产党领导下兴修的宋公堤。1943年，著名作家阿英曾用详细的笔触写成《苏北伟大的水利工程建设——宋公堤》一文[①]，还原了这场伟大的工程建设运动。

宋公碑

宋公碑局部

宋公堤今貌

图 8-3　宋公堤

　　1939年，盐城地区遭受了一场惨烈的潮灾，"昔之稼禾千顷，今尽槁为枯荄；昔之烟火万家，今悉荡为平地。野乏青葱之色，田满斥卤之痕"。灾伤过

---

　　① 该文原载于《新知识》第1、2期合刊（1943年10月1日出版）及第3、4期合刊（同年11月1日出版），后收入《阿英全集（第4卷）》（安徽教育出版社2004年版，第351－374页）。本节书写及征引史料皆参考此文，只是在叙说顺序和具体文字上有所改动。

后，当地名绅杨湘①与地方热心人士赶赴兴化（时江苏省政府所在地），向主席韩德勤求助，申请将"堤埝修复，续淡涮卤"，以便恢复沿海生产，但并未得到回应。后经杨湘等人奔走呼号，最后获允"拨款二十万"修堤，然而"几经克扣，到堤者实不过十四万元，再除大量的'行政费'，所余不过十万而已"，经费短少，所修堤堰自然难以达到御潮标准。果然潮水袭来，堤堰废坏，省府所派筑堤官则不管不问，携款"潜逃"。杨湘等又上请省府再行拨款，将堤堰加高增厚，然而得到的批示却是"应毋庸议"四字。政府不行作为，百姓徒呼奈何！

1940年，盐阜地区建立起新民主主义政权，宋乃德②担任阜宁首任县长。当年秋季，在东坎召开的县政讨论会上，地方耆绅再次提议修筑海堤，宋乃德当即表态同意修筑。上报华中局后，得到的批示是"海堤的是否修筑，应从政治影响上决定，经济费用的估计，只能占次要的地位"，更坚定了宋乃德的兴修决心。后经阜宁参议会反复商议，决定"全部用费不由人民负担，以盐税作抵，发行公债，归政府偿还"，组织成立以宋乃德牵头的修堤委员会，发行公债100万元。

堤堰修筑分南、北两段进行。1942年勘工完成后，即集夫兴筑，首先进行的是北堤修筑，5月15日开工，6月5日完成全部工程，"堤长凡二十七公里，底宽十八公尺，顶宽二点五公尺，高三公尺"。南堤的兴筑于6月20日开工，7月31日完工，"堤长十八公里，高三公尺，顶宽四公尺，底宽十九公尺。转弯处，顶宽六公尺，底宽二十一公尺"。最终，堤长合计45千米，实际花费仅五十余万。虽然只用了几个月就完成了整个大堤的修筑，但实际的修堤过程可谓艰苦繁难，"起始，碰上了国民党顽固派摩擦战，和阜东反动地主的暴动。接着，就是敌伪顽三方面破坏堤工的政治经济谣言攻势，暗杀暴行，飞机威吓，并遭遇不断为灾的淫雨。将结束时，更值敌伪大举疯狂扫荡，人心浮动，几使工程不能坚持，而在完工的前一夜，暗杀的暴行还没有中止"，所幸在共产党的领导下，在人民军队的支持下，在宋乃德县长的带领下，得以排除万难，完成了历史上可能需要几年才能完成的捍海工程。

在大堤修筑成功后的次日，即发生了一次较之1939年更大的潮灾，但新

① 杨湘（1890—1947），字芷江，江苏阜宁人。北洋政府统治时期，曾任龙口商埠局局长，直鲁豫巡阅使吴佩孚驻北京办事处处长等职。

② 宋乃德（1905—1967），山西沁源人，1926年加入中国共产党，1940年任八路军第五纵队供给部部长，1941年兼任阜宁县县长。

堤抵御住了潮水的冲击,屹立不倒。当地百姓感念共产党与宋乃德的功绩,撰文立碑纪念,并将此堤与北宋所修范公堤相提并论,称为"宋公堤"。如今,宋公堤除了小部分堤段仍承担着抵御海潮的重任外,大部分已被改造成沿海公路。

宋公碑碑文由开明绅士、县副参议长杨湘(芷江)撰稿,著名书法家何冰书写,顾汝磊(莲村)用篆书在碑额上撰写碑名"宋公纪功碑",由诗书金石名家汪周(继光)刻石。《宋公纪功碑》碑文:

> 惟民国纪元二十九庚辰之冬(夏),沁阳宋公乃德来宰吾阜宁。下车伊始,咨询民之疾苦,以为政之急,其修筑八滩东北之捍海堤乎。本邑地形,受黄河冲积,变迁靡宁,爰居爰处,悉依堤堰为障。自二十七(八)年秋遭风涛冲激,沿海大堤荡为平地,淹死者万余人,损失财产无数,孑遗之民惊于危殆,迁徙流转,屋庐为墟。当经本地方人士呼吁,得更拨款修复,辛以经费减少,堤身低小,三年四溢,贻害弥滋。公有鉴于此,辛巳秋具情呈准,首长永兴黄公乃集众议、排万难,征求地方人士谙通治水利工程者十余辈,朝夕研讨,计划兴建,乃运粮筹款,任职分工,征集民夫八千余人,历时六十余日,北堤筑成。继拟赓续,修复南堤,时已届冬季(盛夏),初役有敌伪狙伺,连戕我监工主任陈君景石、区长陈公振东。公坚不为动,督励益急。适大雨时行,民夫没泥中,公为勤加循抚,已亦力疾,往来雨下,日以继夜,寒冷节候,忽放晴,十八日夜深南堤筑成,参加是役者莫不赞公之毅力,而为吾民也,劳瘁甚矣。据统计,筑成长堤,南起华成,北迄淮河,约九十华里,底宽二十一公尺,顶宽三公尺五寸,高度七公尺八寸。动用现币、粮食等共五十一万六千三百八十四元有奇,核与历次修筑之经费,樽节盖多多也。既成,凡吾邑东北人民,居者宅安,亡者返处,开荒辟卤,以垦以盐,咸感公之德,颂公之功,公议勒石,以垂久远。爰乃定名为宋公堤云。湘不文,不能表彰公之功德,仅就身亲历、目亲见者翔实志之,以抒其真,俾后世之人,知公造福于吾邑也。如举之艰且困苦,后来子孙尸而祝焉可也,斯为祀。

> 民国纪元三十年岁次辛巳仲冬之月,邑人杨湘谨撰文,何冰生书丹,顾汝磊篆额,汪周刻石。

第二节　海盐古地名

盐城因"盐"置县,历经两千余年的历史沉淀,这里的很多地名打上了"盐的烙印"。

一、盐业生产仓储产生的地名

(一)场

场是盐政基层组织之一。正如前文所述,盐城境内盐业生产兴旺,沿海一代相继建起了许多盐场,有富安、安丰、梁垛、东台、何垛、丁溪、草堰、小海、白驹、刘庄、伍佑、新兴、庙湾等十三个盐场。沿海遍地盐场盐灶,其势壮观。后来,随着海势的不断东移,朝廷改革盐法,由灶户分散煎煮,这些场灶先后废置。然而,这些盐场名称却在串场河两岸得以保留,大多成为盐阜地区集镇的所在地地名。清雍正九年(1731)设置阜宁县,庙湾场成为阜宁县治所在地,乾隆三十三年(1768)设置东台县,东台场成为东台县治所在地。

(二)团

团为盐灶集中之地,亦为盐区生产组织。根据光绪《两淮盐法志》记载,明朝中叶以前实行团煎制度,即采取灶户"聚团公煎"的生产方式。当时,每个盐场分设几个团,每团设若干灶户。各场灶户领受盘铁,规定时间在官员监督下聚团煎煮,故而得名为"团"。这些团虽然离场治远近不同,但都临近运盐河,所以按照设制团的先后,所处的不同方位,分别被冠以东南西北、大小、姓氏等而成为地名。现在盐城市境内以"团"命名的地名有许多,尤以东台、大丰两地为最。现有地名中就有戚家团、广盈团、卞团、正团、垛团、东团、西团、南团、北团、新团、大团、新北团、中心团等。

此外,在盐都区和建湖县境内亦有大团口、小团口、新团、西团等地名。据初步统计,盐城市境还有18个村、48个自然村组的地名与"团"有关。阜宁县和滨海县境内亦有以"团"为名的地方。这些以"团"为名的地名,都是历史的产物,客观地反映了当时境域"团煎共煮"的历史真实。

（三）灶

灶是灶户当年煎盐的主要设施，也是灶户煎盐灶屋的所在地。以"灶"命名的地名大体有三种情况：一是以灶户的姓氏而名；二是以立灶的时间先后而名；三是按灶所列次序或所处的不同方位而名。

市境以"灶"命名的地方比较普遍，甚至一名多地。诸如：头灶、二灶、三灶、四灶、五灶、六灶、九灶、上灶、下灶、新灶、旧灶、南灶、北灶、东灶、西灶、沈灶、南沈灶、李灶、陈灶、钱灶、朱灶、王灶、洼灶、许灶、仲灶等，真可谓星罗棋布。其中一名多地的尤以"三灶"为多。在东台市境内有三灶、亭湖区境内有三灶、阜宁县境内亦有三灶。在盐城历史上以"灶"命名的乡镇有过 6 个，分别是头灶、四灶、六灶、三灶、沈灶、南沈灶。以"灶"命名的行政村有 85 个。另外，还有 368 个自然村落名也以"灶"为名，充分反映盐阜历史上盐业的兴旺和盐业生产的普遍性。

（四）仓

仓早先仅为囤盐之所，后亦用于储存盐场所需粮食。明代灶民煎煮而成的食盐，分别由国家和盐商收购储存，储存地即称之为"仓"。当然，国家和盐商所设立的盐仓是有区别的。盐商所收购的盐大多储存于靠近原盐的生产地，而且集中于方便运输的运盐河畔。如东台市境内的一仓、二仓、三仓等均属此类。国家收购的盐多储存于集镇之上，并且有正仓和便仓之分。现以枯枝牡丹而闻名于天下的便仓，就是当年官府设在伍佑场的一个，这也是现今便仓镇地名的由来。此外市区的东仓巷，亦是因为过去官府在此地设立屯集食盐的仓库而得名的。境内还有因"仓"设名的行政村 11 个，自然村组 18 个。

（五）锅

境内凡以"锅"为地名的地方，大都出现在明万历年间改革盐法以后。由于当时废除盐引，改征折价，团煎制度已废，改为散煮，不再使用笨重的盘铁，这样锅就成了灶户煎盐的主要工具，以锅命名的地名日益兴起，东台、大丰境内有叶家锅、解家锅、陈北锅、刘家锅等，建湖县原冈东镇境内亦有陈家锅、王家锅等地名。这些以"锅"为名的地名，散落在境内各地。作为时代的产物，客观真实地展现着当年分户煎盐的历史。

明代中后期，坐场收盐的场商开始自办商灶，招丁煮盐的工具改用成本低于盘铁的锅镢。盐务衙门也仿效商灶，改用锅镢，并且给每副锅镢配草荡。

这样"镦"就成了煎盐的主要工具。由于"镦"底平而轻便,便于分散煎煮,加之镦受热快,效果又好于锅,故而被广大灶户所采用。以"镦"命名的地名,多数以加灶户姓氏而名。境内以"镦"命名的乡镇有东台的曹镦、大丰的潘镦,还有 6 个行政村和 13 个自然村组以"镦"为地名,如顾镦、华镦、江镦等,是对当年以镦煎盐的最好记载。

二、盐业营销运输管理的地名

(一) 引

由"盐引"而来。清朝末年,新兴场盐课司署,分配给灶民的草荡,按 13 亩办盐 1 引(纳盐、行盐的重量)计算,每引计征课银 7 厘。于是,在建湖县沿冈地区便出现了一些以"引"为名的地名。比如十六引、二十引等。所谓十六引、二十引,即 16 个或 20 个 13 亩草荡的引田。按照每引 7 厘计算,十六引、二十引这些地方,每年就应分别向新兴场盐课司署交纳课银 112 厘和 140 厘。这就是地名"引"的由来。

(二) 集

境内盐、鱼营销由来已久,到了清朝,各地生产力发展水平有了一定的提高。为了便于人们进行商品交易,逐步开始兴集。这些"集"大多数选择在交通比较方便的位于某一区域中心的村庄。通常以二十里方圆设一集,而且每个集的逢集时间又是相互错开的,一般五天逢一集。为此,有的地方逢一六集,有的地方逢二七集,有的地方逢三八集,有的地方逢四九集,有的地方逢五十集。这样做的目的主要是为了方便群众,不至于影响他们的交易。因为各地群众需求不一样,在这个集卖不掉或买不到的东西,到另一个集很可能就会成为抢手货或能称心如意地购得。

盐城历史上兴集比较普遍但真正以集为名的地方,主要集中在市境的北三县(阜宁、滨海、响水)。比如,阜宁县的历史地名中就有杨集、硕集、陈集、马集等;滨海县的历史地名中就有陆集、樊集、郭集;响水县的历史地名中就有张集、周集、龚集、海安集、王商集等。在南部的大丰区,随着盐垦公司当年在此地的经营日益兴旺,也开始兴集,大丰区政府现今所在地大中集就应运而生。

（三）码头

主要是为了运盐和运粮的需要，在河岸和港湾内人工筑就的、以便停船时装卸货物的建筑。由于临水而筑，也有些地方称之为水陆码头。

这一类码头，市境各地均有存在，但在今天黄河故道沿线特别多。究其原因主要来自两个方面：一是这一带盛产食盐，盐为人们日常生活的必需品，不可或缺；二是这里为麦子和大豆的主产区，使这里成了南北粮食交易客商的云集之地。所谓"金东坎""银八滩"之说也都来源于此。"金东坎"，因麦子、大豆为当时"六陈行"交易的主要产品，皆为金黄色遍布东坎街，故谓之金东坎。所谓"银八滩"，即八滩向下沿海地区，遍产食盐，盐白如银，故谓之银八滩。也正因为如此，到此地经营的客商特别多。为了方便装卸，各地的码头也就应运而生。现在这些码头虽然已经失去当年功能，但一些地方仍以码头为地名。诸如张码头、宋码头、杨码头、钱码头、李码头、花码头、郭码头、赵码头、寇码头等，这些地名仍为大家所熟悉。特别是射阳县海河境内的桶盐码头，不仅留下了当年盐运在此地的历史印记，而且还留下了清末盐商宋道勋在此地将盐以木桶包装，不至于使食盐散失的很好的做法。

（四）河沟

盐城因"煮盐兴利，穿渠通运"，民众习惯择水而居，出门见河。也因"河"与"和"谐音，常常习惯于以"河"取名。正因为如此，在盐阜行政区划的版图上，以"河"为名的地方并不少见。境内以"河"命名的乡镇就有 6 个，分别是南河、运河、古河、沿河、海河、许河。以"河"命名的村就更多了。翻阅《滨海县志》，该县带"河"字的村，就有南河、复河、篆河、界河、汛河、沿河、旧河、唐河、陶河、靠河、清河、夹河、清水河、岔河、五丈河、新河、条河等。

沟，习惯称之为小河小港。人们在沟边聚落，于是沟便成了地名。境内以"沟"命名的地方很多。诸如沟浜、沟子头、横沟、界沟、芦沟、东沙沟、东沟、新沟、马沟、天沟、獐沟，等等。

（五）关

是朝廷或地方政府在海边及内河水道要津设立的关卡，多为军队把守，起先是为缉拿私盐，后兼加强海防。境内云梯关、大关、小关子均为海关；野塘关、东小关、西小关等均为内河关卡，都设有驻兵。

（六）营

本为驻兵之地。根据历史记载，明洪武三十年（1397），在盐阜分别设有守御千户所，负责此地防护，下设营，而且有营田。现今地名中的蒋营、沙沟营（又分前营、中营、后营）、唐营、童营、马营等，均为驻兵营田所在。

（七）汛

根据《阜宁县志》记载：汛，是清朝雍正年间为了防水患，由官府在射阳河沿线北岸、岔头港上设立的防护营地。营以下为汛，通常都设有把总或千总，负责处理防汛和安居等事宜。这些汛依次序排列，进而形成地名。现今射阳河沿线北岸的滨海县境内，大汛、二汛、三汛、四汛、五汛这些地名依然存在。其中五汛现已成为镇政府所在地，其他被作为自然村名仍在使用。

三、煮盐燃料相关的地名

（一）总

各盐场把沿海草荡划分若干长条块，租给灶户，时称长条块为"总"。据《东台市志》记载，清嘉庆年间，富安场将东部草滩分配给由苏州迁来的移民，用于收割柴草作为煎盐燃料。当时，将这些草滩共分 30 个等份，每一个等份即称之为一个"总"，计 30 总。今天境内沿海乡镇地名中仍保留"总"的地名，境内还有 7 个行政村和 37 个自然村组，如头总、二总、五总、六总、九总、十总、十五总、十八总、十九总等。

（二）荡

古潟湖的缩影。所谓荡，即在古潟湖形成以后，被上游携带的大量泥沙在潟湖中堵塞湮废形成的一个个大小不等的沼泽滩地。由于境内千里灶场，这些地方最早被先民作为煎盐燃料产地开发利用。以"荡"为名的地方在里下河地区比较普遍。建湖县的历史地名中有肖家荡、符家荡、张家荡、傅家荡、吴家荡、谷家荡、野鱼荡、黑鱼荡、牛耳荡、十顷荡、观音荡、夏家荡、刘家荡、鸽子荡、北荡、瓦荡等；盐都区现有地名中仍有三里荡、杨家荡、团头荡、缩蒲荡、西荡、龙港河荡、莘北荡；东台市境内有天鹅荡、六荡、中荡；滨海县沿灌溉总渠一带有辛荡、潘荡、北荡等。历经时世变迁，这些荡虽然现在多数已不复存在,但是作为一种历史的见证,这些地名至今仍被人们一直沿用。

（三）垛

垛是古潟湖形成以后,上游携带的大量泥沙在湖中不断堆积和风力作用形成的。从前,煮海煎盐、烧盐需要柴草,每年秋冬季节由灶民将其收割的柴草堆积成垛以防风雨,为煎盐所用。于是,出现了许多以"垛"为名的地方。比如:何垛、梁垛、扎垛、头垛、二垛、三垛、四垛、五垛、六垛、陈垛、吉垛,等等。这些垛多为自然形成,有大有小,多随居住的户主而得名,也有些是根据其形状和大小及周边环境来命名的。现今,被人们作为行政村和自然村使用的地名,还有花垛、冯垛、王垛、甘垛、崔垛、蒋垛、丁垛、沈垛、戴垛、圆垛、双垛、罗磨垛、湖垛,等等。

（四）滩

有海滩、河滩、草滩或柴滩。这些滩地在初始阶段多为海潮或内陆水流积而成,后来随着海岸线或内陆河床的不断稳定,逐步发育,滩地多生长煎盐所需燃料柴草,人们再开发利用。

滩名多与大小、方位和开发领头人或是定居在此地人家的姓氏相关。在古海湾形成的滩地中,以"滩"命名的地方,相对集中于三个地区:一是沿海地区。滩涂为广义的海滩,已开发并形成地名的地方有条滩、大滩、新滩、月滩等。二是在古射阳河沿线。有吴滩、邹滩、皋滩、严滩、戴滩、华滩、大滩、小滩、前徐滩、后徐滩、西徐滩、东滩、西滩等。三是在黄河故道沿线。这些滩地多为黄河夺淮入海时,在古海湾形成的滩地。地名有吕滩、王滩、陈滩、芦滩、糜滩、丁滩、横滩、沈滩、大新滩、小新滩、大横滩、小横滩、前丁滩、后丁滩、小鬼滩,等等。此外,黄河北归山东以后,在此地留下大片滩地,又有内滩和外滩、生滩和熟滩之分。所谓内滩,即黄河堆堤以内的滩地,外滩则为堤外的滩地;生滩为尚未开发的滩地,熟滩为已开发利用的滩地。现在滨海县的八滩,则是从阜宁迁来此地兴集做生意的八户人家的合称,故谓之八滩。

（五）湾

通常指水流弯曲的地方。往往河流拐弯处均为柴草发育最好的地方,人们择此而居,一合择水而居的传统习惯,二是方便利用柴草,于是湾也就成了地名。境内从北到南以"湾"命名的地方,有莫湾、许湾、盘湾、庙湾、后湾、海湾、渔湾、洋湾、窑湾、芦湾、堰墩湾、弓家湾、谢家湾,等等。

盐场中盐业生产、管理、运销中产生的地名,不管是现在依然在使用的,还是已经消逝了的,都具有丰富的历史内涵,打上了鲜明的时代印记,蕴含着丰富海盐文化意蕴。

四、由"盐地名"到"垦地名"的变化

海盐生产繁盛之时,盐城地区的带有咸味、卤味以及其他与海盐生产、运销的地名很多。随着废灶兴垦的盛行,盐城许多地名也发生了变化,一些地名就由盐垦公司的名字转化而来,一些带有"丰"的地名如广丰、德丰、成丰、恒丰暗含对农业丰收的期望,寓意来年收成丰收、高产。

1917年张謇创办了大丰盐垦公司,公司规划面积之大,投入资金之多,为淮南各盐垦公司之冠。大丰盐垦公司在其辖区内先后建设了大中、新丰、南阳三个镇,成为当时的沿海开发中心。1942年,由东台县析出台北县,大中镇为县城所在地。新中国成立后,由于台北县与中国台湾的台北县同名,于是取大丰盐垦公司中的大丰二字,定名为大丰县。张謇创办合德公司所在地发展为合德镇,1942年射阳县建立,合德镇为县城所在地。

废灶兴垦中,一些盐垦公司所在地演变为乡村集镇,促进了沿海县乡体制的形成。裕华镇名来自裕华公司;通商镇名由通遂垦植公司和商记垦团两个垦殖公司名的第一字合成。千秋港是华成垦殖公司总部,原名"尖头港",张謇为其改名千秋港,取"厚德载福,立业千秋"之义,后发展成为射阳县重镇。通兴镇原为渔村,华成公司开发后移民剧增,1931年兴镇。射阳县境内的耦耕镇、阜余镇都是由同名的盐垦公司名演变而成。

废灶兴垦促进了沿海经济结构的转型,加速了沿海地区土地资源的利用,发展了生产力,为促进地方经济发展和社会进步注入了新的活力。随着经济结构由海盐生产向农业生产的转变,海盐文化增加了垦殖文化的新内容,深受江海文化的浸染。

第三节 沿海古墩

沿海常有飓风、台风、海啸海溢,盐民、渔民饱受飓风海潮侵袭,因为海啸频发,海潮频涨,潮水上涌,势不可挡。为抵御海患,盐民筑堤坝过水。堤坝

之外，盐民就在滩涂上选择高地筑墩，堆土垫高，供盐民、渔民暂时避让海浪风潮。一旦有警，附近民众扶老携幼，奔赴高墩，等待潮退。这些高墩被称为"潮墩"或"避潮墩"，俗称"救命墩"。①

沿海的墩除潮墩外，还有烟墩，又叫烽墩、烽火墩，是御敌的海边烽火台，是宋代就有的军事设施，与内陆烽火台一样，一旦发现敌情，昼升烟，夜举火，前墩迅速将信号传递后墩，墩墩相传报警。

江苏沿海范公堤外，潮墩、烟墩星罗棋布，远近相接，因为潮墩可以防风避潮，民众逐渐环墩聚集，形成乡镇村落。所居之地，就以墩命名，如大丰的金墩、亭湖的青墩、阜宁的沟墩等。

一、潮墩

沿海潮墩，是为避潮而筑砌的高土堆，一般高 4 米多，为上窄下宽的方台形，方便民众登临。墩顶长宽各 16 米多，墩脚长宽各 45 米，每墩需土 1 300 方，而且由于沿海灶场广袤，需要修筑的潮墩数量众多，潮墩筑成后并非一劳永逸，风雨侵袭会造成潮墩坍塌，需要修复，在完全依靠人力的古代，修筑潮墩所需人力、物力、财力巨大。早期的潮墩大多为官筑。明嘉靖十七年（1538），海潮骤涨，范公堤以东平地水深丈余，称为"潮变"。巡察两淮的巡盐御史吴梯采纳运使郑漳的建议，在射阳河下游沿海兴筑避潮墩，恢复了盐业生产；嘉靖十九年（1540），巡盐御史焦蓝巡视各盐场时，修筑范公堤，还大规模兴筑潮墩 220 余座；明万历十五年（1587），盐城知县曹大成重修范公堤，添置潮墩 43 座。明代万历年间，盐业改团煮为散煎。清初海岸线东移，旧时盐灶被废弃，在新淤地面重建新灶，盐灶趋于分散，潮墩数量也相应增加。如清代大臣卫哲治就在盐城"循海筑土墩九十余"；乾隆十二年（1747），通、泰各场修筑避潮墩 143 座；光绪九年（1883）运司孙翼谋报请左宗棠批准，仿前人旧制，于通、泰各灶户屋后筑一救命墩，共筑灶户墩 2 570 座，为历史上筑墩工程规模最大者。

除官筑潮墩外，还采用了民筑的方法，主要由盐商捐款。清乾隆十一年（1746），修筑潮墩所需 9 200 余两银子，是盐商"情愿公捐工费"，另外，还用"寓赈于工""司库（国库）垫发""按引岸（销售地）的缴票费（派资金）"等方法筹集资金。乾隆十一年（1746），盐政吉庆巡察两淮各场时发现：明代所筑潮

---

① 参见《光绪阜宁县新志》卷 9《水工志》，第 742 页。

墩经过历年潮通浪击,十墩九废,盐业受损,灶丁伤亡,采取盐商公捐等办法,大规模兴筑潮墩 148 座。同时责令各场大使将新旧潮墩造册存案,不时亲加查巡,稍有缺损,随即修补。从此,潮墩由建到管,建管并重。次年农历七月海潮突涨,新筑潮墩大见成效:"凡灶丁趋避潮者,俱得生全;不及奔走或乘筏者,多者淹毙。"同年,吉庆又奏请增筑潮墩 85 座。[①] 谢弘宗极力倡导改革筑墩体制,主张潮墩改官筑为民筑,由盐商、锹主、灶户共同承担,并鼓励社会人士赞助,施工步骤改一次完工为分期实施,此后,民筑潮墩连年不断,在潮墩建造史上占有重要的地位。

表 8-3　盐城地区所隶各场嘉靖年间避潮墩数量统计表[②]

场名	位置	数量	场名	位置	数量
东台	散列六团	12	小海	峙列于团	2
梁垛	散列六团	12	白驹	散列三团	6
安丰	散列五团	10	刘庄	无	无
富安	散布三团	6	伍祐	散列十团	6
何垛	散列三团	6	新兴	散列诸团	4
丁溪	散布五团	10	庙湾	散列团灶	4
草堰	散布四团	8			

表 8-4　光绪年间泰属五场新建潮墩分布表[③]

场名	潮墩修筑地	合计数量
草堰	阔港、金墩、海灶、董灶	6
伍祐	大溯花、边港、小勒子、大六股南、沈投港、西漕口、西北稍、北湾子、牛汪塘、老墩子洋岸、下川子南	11
庙湾	盐蒿港、防备港东、防备港西、鲈鱼港、海神庙、鸦头港、四副头、六分滩、团洼灶、八十顷、双洋蛮船港	11
丁溪	大墩子东、彭家洼西、青竹山南、下袁家墩东、二了子东南、东灶之东、七户灶之东	7
新兴	北滩、双马港、下港、大小舀、中兴灶、新淤尖、叫溜	9

① 《嘉庆两淮盐法志》卷 28《范堤(附烟墩潮墩)》,第 11-13 页。
② 参见《嘉靖两淮盐法志》卷 3《地里志第四》,第 185-189、194-196 页。
③ 《光绪两淮盐法志》卷 37《堤墩下》,续修四库全书第 843 册,第 378-379 页。

二、烽墩

烽墩又叫烽火墩、烟墩，为海边烽火台，是古代防御体系的重要组成部分，用于报警和通讯。范公堤外的烟墩，是明嘉靖三十二年（1553），抗倭名将戚继光率军驻扎盐城时，发动军民兴建，共73座。东门闸下的头墩、伍佑的三墩等均为烟墩；阜宁县的沟墩镇，就是由当地的明朝抗倭遗迹——南北两大烽火墩得名。每座烽墩配备士兵5名，墩上储备一个月的水草食粮，四周开挖陷阱，设置药弩（带毒的弓箭）。负责瞭望与守卫的士兵一旦发现倭寇入侵，立即在墩上举火报警，各墩见一墩起烟，皆相继举火，内地官员见后即急驰救援，合力阻击。在抗倭中，烽墩发挥了重要作用。

烽墩除用于互相传递军事信息，还用作海潮突袭时民众的避难之所。

三、杨公墩

有的土墩被赋予了特别的人文意义，如明朝万历年间，当地人民感念盐城知县杨瑞云开浚射阳湖恩德，特将挖湖之土垒成墩，命名为"杨公墩"，并刻碑纪念。宝应名士吴敏道撰写碑文《杨公墩记》。

射阳湖古称射陂，俗作射阳湖，是江苏中部里下河地区的淡水湖，历史上是江淮之间著名的大湖，也是江苏五湖之一。宋代《太平寰宇记》称"射阳湖长三百里，阔三十里"，本为淮、扬两郡入海水道，且调节水源、灌溉农田、转运货物。南宋建炎二年（1128）黄河夺淮之后，大量泥沙进入射阳湖，湖区迅速淤积。明嘉靖之后，水患日剧，沙淤日深。夏秋汛期，湖水暴涨，泛溢成灾，淹没民田，溺死人畜；冬春之际，水落河底，无法行船。射阳湖为害周围州县，尤以盐城为甚。万历间盐城县令杨瑞云上任后，关心人民疾苦，经过实地勘察和周密探访，认为要解决盐城水患，必须疏浚射阳湖。杨瑞云上报都御史凌云翼，呈请疏浚射阳湖，朝廷批准，并拨银3 000两。杨瑞云亲自勘查，督工开浚，殚精竭虑，历尽艰辛。他顶风冒雪，"朝严夕儆"，甚至"身且病，犹强治事"，万历九年（1581）正月开工，八月完工。工程竣工后，滔滔河水经庙湾直泻大海，即使夏秋暴雨猛降，百川汇湖，消弭水灾之忧，带来舟楫之便、灌溉之利。当年便喜获丰收，各类物产重新得以输运四方。当地父老乡亲感念杨知县疏浚积淤、增葺堤岸的恩德，在射阳湖畔青沟镇玄君殿后建立了杨公墩。明朝末年，杨公墩日久坍塌，青沟镇人筹资增筑，陈云墀撰写了《重修杨公碑记》。

思考与研讨

1. 举例说明,古盐业遗址是盐业文化的"活化石"。
2. 思考"煮海为盐"到"废灶兴垦"的自然和社会因素。

参考文献

1. 盐城市政协学习文史委员会征编:《史海盐踪——盐城海盐历史文化遗存》,《盐城文史资料》(第 28 辑),中国文史出版社,2015 年。

2. 南京师范学院地理系:《江苏城市历史地理》,江苏科技出版社,1982 年。

文献资料

道光十七年南团社学创建发生波折——僧人静修(董用威)申请县、场给示谕禁碑

《光绪两淮盐法志·杂记类·学校门》记载:"南团社学,道光十七年(1817)场人董用威捐宅建置。"碑文全文如下:

咸丰二年春,僧静修系兴东交界管辖灶民董用威,九岁父故,孀母苦节,抚领成丁,代弟受室,送母寿终,依本团东岳庙披薙为僧。自恨素未读书,矢志解囊,置买房产,设建义学。所有用上花息堪充延师训诲膏火之费。禀请兴东两宪,业已补入《兴化续志》。缘界牌头茶庵颓圮,范堤坍塌,苦心修理,移住茶庵。不料现在修义学,并欲将义学改为家祠。僧因现在有家祠,未便将义学改废,有负苦心。是以即禀东邑葛宪,并草埝场袁宪,存案,请示谕禁,蒙已给示。奈僧迈病,知难久存,非以勒石,恐义学不能永垂久远,并负县、场尝示谕禁之至意。故邀同董族,选匠勒石,凡属贫族,并邻近外姓,有志诗书者,当照石勒明田产,管理义学,以全善举。倘有败族,仍蹈前辙,可抄县示存经承房处,场示存场书处,申禀公理,庶不负僧体县场两宪教育人材之善治也。

计开田亩

东洼三十七总:十一分六十丈地,完银三钱三分;又十一分二总:完银六分七厘;又洼三十总:东止沟心,南止官路,西止董桂成界,北止沟心,完银七钱六分七厘;又南一分,两南止官路,北止董桂成界。南团桥东坊座房三间,

随屋基地北止支祠天井为界,南止河心为界,东止杉林为界,西止长桂李姓为界。

（编者注:1982年6月夏永盛发现此碑,在南团乡新桥）

扫码看看

《扬州盐商》　第三集　官商之间

https://tv.cctv.com/2017/08/10/VIDE3NnxLdPbBCexZAjMPcWn170810.shtml? spm=C55924871139.PY8jbb3G6NT9.0.0

主要参考文献

1.［周］墨翟:《墨子》,《文渊阁四库全书》(第 848 册),上海古籍出版社,1987 年。

2.［汉］高诱注,［宋］姚宏续注:《战国策·魏策一》,《文渊阁四库全书》(第 406 册),上海古籍出版社,1987 年。

3.［汉］桓宽撰,王利器校注:《盐铁论校注》,天津古籍出版社,1983 年。

4.［汉］刘安撰,高诱注:《淮南鸿烈解》,《文渊阁四库全书》(第 848 册),上海古籍出版社,1987 年。

5.［汉］刘向:《说苑》,《文渊阁四库全书》(696 册),上海古籍出版社,1987 年。

6.［北魏］郦道元注,［民国］杨守敬、熊会贞疏,段熙仲点校,陈桥驿复校:《水经注疏》,江苏古籍出版社,1989 年。

7.［南朝·梁］萧统编,［唐］李善注:《文选》,上海古籍出版社,1986 年。

8.［唐］杜佑撰,王文锦等点校:《通典》,中华书局,1988 年。

9.［唐］李白著,王琦注:《李太白全集》,中华书局,1977 年。

10.［唐］李吉甫撰,贺次君点校:《元和郡县图志》,中华书局,1983 年。

11.［元］陈椿:《熬波图》卷四,《四库全书》(第 622 册),上海古籍出版社,1987 年。

12.［宋］乐史:《太平寰宇记》,中华书局,2007 年。

13.［宋］范仲淹:《范文正集》,《景印文渊阁四库全书》(第 1089 册),台湾商务印书馆,1986 年。

14.［宋］李昉等:《太平广记》,中华书局,1961 年。

15.［明］潘季驯:《河防一览》,《文渊阁四库全书》,上海古籍出版社,1987 年。

16.［明］史起蛰、张矩撰:《嘉靖两淮盐法志》,《北京图书馆古籍珍本丛刊》(58 史部·政书类),书目文献出版社,1988 年。

17.［明］宋祖舜修、方尚祖纂,荀德麟等点校:《天启淮安府志》,方志出版社,2009 年。

18. ［明］杨端云修,夏应星纂:《万历盐城县志》,《中国方志丛书·华中地方》(第 451 册),台北成文出版社,1983 年。

19. ［明］朱怀干修,盛仪纂:《嘉靖惟扬志》,上海古籍书店(影印本),1963 年。

20. ［清］噶尔泰监修:《雍正两淮盐法志》,于浩主编《稀见明清经济史料丛刊》(第一辑),国家图书馆出版社,2009 年。

21. ［清］王世球等纂修:《乾隆两淮盐法志》,于浩主编:《稀见明清经济史料丛刊》(第一辑),第 5 册,北京图书馆出版社,2008 年。

22. ［清］单渠、沈襄琴等纂修:《嘉庆两淮盐法志》,嘉庆十一年(1806)刻本。

23. ［清］王定安等纂修《光绪重修两淮盐法志》,《续修四库全书》(第 844 册),上海古籍出版社,2002 年。

24. ［清］阿克当阿修,姚文田等纂:《重修扬州府志》,《中国方志丛书·华中地方》(145),成文出版社,1974 年。

25. ［清］顾炎武:《天下郡国利病书》,台北艺文印书馆(影印本)(第 12 册),上海书店,1986 年。

26. ［清］李斗:《扬州画舫录》,中华书局,1997 年。

27. ［清］林正清:《小海场新志》,《中国地方志集成·乡镇志专辑》(第 17 册),江苏古籍出版社,1992 年。

28. ［清］刘崇照主修,陈玉树、龙继栋纂:《光绪盐城县志》,《中国地方志集成》(第 59 册),江苏古籍出版社,1991 年。

29. ［清］孙云锦等修,吴昆田等纂:《光绪淮安府志》,《中国方志丛书·华中地方》(第 398 册),台北成文出版社,1983 年。

30. ［清］王有庆等修,梁桂等纂:《道光泰州志》,《中国地方志集成·江苏府县志辑(第 50 册)》,江苏古籍出版社,1991 年。

31. ［清］卫哲治等纂修,陈琦等重刊:《乾隆淮安府志》,《中国方志丛书·华中地方》(第 397 册),台北成文出版社,1983 年。

32. ［清］杨受延等修,马汝舟等纂:《嘉庆如皋县志》,《中国方志丛书·华中地方》(第九册),台北成文出版社,1970 年。

33. ［清］杨宜仑原修本,冯馨增修,夏味堂等增纂:《嘉庆高邮州志》,《中国方志丛书·华中地方》(第 29 册),台北成文出版社,1970 年。

34. ［清］周右修、蔡复午等纂:《嘉庆东台县志》,《中国方志丛书·华中地方》(第 27 册),台北成文出版社,1970 年。

35.〔清〕阮本焱修,江启珍纂:《光绪阜宁县志》,中国国家图书馆数字方志库电子本。

36.〔清〕王璋纂修:《光绪东台县志稿》,国家图书馆数字方志库电子本。

37.〔清〕黄垣修,沈俨纂:《乾隆盐城县志》,中国国家图书馆数字方志库电子本。

38.〔民〕胡应庚:《盐城续志校补》,《中国地方志集成·江苏府县志辑》(第59册),江苏古籍出版社(影印本),1991年。

39. 曾仰丰:《中国盐政史》,河南人民出版社,2016年。

40. 何维凝:《中国盐政史》,大中图书有限公司,1966年。

41 张岱年、方克立:《中国文化概论》,北京师范大学出版社,2011年。

42. 庄锡昌:《多维视野中的文化理论》,浙江人民出版社,1987年。

43. 曹锡仁:《中西文化比较导论》,中国青年出版社,1992年。

44. 金元浦:《中国文化概论》,中国人民大学出版社,2007年。

45. 郭正忠:《中国盐业史》(古代编),人民出版社,2006年。

46. 于长清、唐仁粤:《中国盐业史》(近代当代编),人民出版社,1997年。

47. 唐仁粤主编:《中国盐业史》(地方编),人民出版社,2006年。

48. 陈锋:《清代盐政与盐税》(第二版),武汉大学出版社,2013年。

49. 吴海波、曾凡英主编:《中国盐业史学术研究一百年》,巴蜀书社,2010年。

50.《吴嘉纪诗笺校》,上海古籍出版社,1980年。

51. 王振忠:《明清徽商与淮扬社会变迁》,三联书店,2014年。

52. 曹爱生:《淮盐百问》,江苏人民出版社,2012年。

53. 徐泓:《清代两淮盐场的研究》,嘉新水泥公司文化基金,1972年。

54. 赵启林主编,张银河:《中国盐文化史》,大象出版社,2009年版。

55. 孙永有主编:《海盐文化论丛》,盐城市海盐文化研究会,2006年。

56. 郑师渠:《中国文化通史·明代卷》,北京师范大学出版社,2009年。

57. 朱兆龙:《王艮传》,南京出版社,2011年。

58. 邹迎曦:《盐垦研究》,香港中国文化出版社,2008年。

59. 徐于斌:《史海盐踪——盐城海盐文化历史遗存》,中国文史出版社,2016年。

后　记

自 2012 年起,我们一直与中国海盐博物馆合作,在我校历史学专业开设中国海盐文化研究课程,学生反响较好。为了更好地向全社会推广中国海盐文化,2016 年起,我们海盐文化研究所萌发了编写教材并在全校开设素质课《咸话历史——中国海盐文化漫谈》的想法。说实话,要把学术界对于中国海盐文化的研究成果,通过简明通俗的方式生动有趣地传达给学生,其实是一件很不容易的事情,既不能囿于艰深,也不能流于浅陋。本教材自从开始准备起,前后花了三年多时间,2019 年适逢江苏省重点教材立项遴选,我们的样稿顺利通过江苏省重点建设教材立项,这给我们正式出版这部教材予以了更大的信心和鼓舞。

本教材每章包含基本概述、思考与研讨、参考论著、资料拓展,配以图片及表格,这样的体例安排主要是考虑到基本概述部分便于学生掌握基础知识;思考与研讨部分旨在培养学生分析问题的思辨能力;参考论著和资料拓展则可为学生进一步从事研究提供导航;图片和表格可提高学生的兴趣,增强教材的历史直观感。图片多数由中国海盐博物馆提供,少数请专人拍摄。

本教材撰写分工情况如下:绪论,陆玉芹、夏春晖;第一章,吴春香;第二章,黄明慧;第三章,陆玉芹;第四章,李小庆;第五章,宋冬霞;第六章,李小庆;第七章,陆玉芹;第八章,陆玉芹;最后由陆玉芹统一定稿。限于教材篇幅要求,所以我在统稿过程中删去了大约两万多字,至为可惜。每章所附微信公众号的内容,是我们挑选的一些关于介绍海盐文化的音频、视频、论文,弥补了篇幅限制。

初稿撰写过程中,中国商业史学会盐业史专业委员会会长扬州大学黄俶成教授、山东师范大学燕生东教授、潍坊学院于云汉教授、盐城市图书馆黄兴港教授提出了许多宝贵的意见;南京大学出版社蔡文彬编辑为此书出版付出了大量努力,对此一并致谢!

作为第一部呈现中国海盐文化的教材,主要是综合介绍多年来同行学者的研究成果为主,但由于编者的见识和能力所限,许多前辈的研究成果未能吸纳,有的引征内容未能一一标注,在此表示歉意!教材中肯定存在各种不足和问题,期望读者们不吝赐教。

陆玉芹

2020 年 5 月